Wolfgang Jendsch

Die Feuerwehr heute

„Einsatz für Florian …!“

Wolfgang Jendsch

Die Feuerwehr heute

„Einsatz für Florian …!“

Motor buch Verlag

Einbandgestaltung: Luis Dos Santos

ISBN 978-3-613-02942-2

1. Auflage 2008

Sie finden uns im Internet unter:
www.mueller-rüschlikon-verlag.de
www.motorbuch-verlag.de

Innengestaltung: F&S Satz und Montage GmbH,
78239 Rielasingen
Druck und Bindung: Graspo CZ, 76302 Zlin
Printed in Czech Republic

Vorwort

Die Feuerwehren in Deutschland – wie arbeiten sie, wie sind sie ausgerüstet, welches Aufgabenspektrum nehmen sie wahr?! Dieses Buch will einen Einblick geben in eine breite Themenpalette rund um die Feuerwehr – ausgehend von den historischen Ursprüngen des organisierten Brandschutzes über die unterschiedlichen Organisationsformen, die feuerwehrtechnischen Ausrüstungen und Fahrzeuge bis hin zu den umfangreichen Aufgaben, denen sich Feuerwehrangehörige tagtäglich stellen müssen.

Ergänzt wird die gesamte Themenpalette durch mehr als 400 brillante und spannende Farbfotos, die Feuerwehren, ihre Ausrüstung und ihre Menschen dem interessierten Leser möglichst „hautnahe" präsentiert. Von besonderem Interesse dabei dürften die zahlreichen Einsatzfotos sein, die einen Teil der Feuerwehrarbeit zeigen, der sonst bestenfalls „aus sicherer Entfernung" verfolgt werden kann. Sie bieten zugleich auch einen überaus interessanten Rückblick in die vergangenen zwei Jahrzehnte, in denen Feuerwehren als „Bürger für Mitbürger" ihren Dienst taten.

Dieses Buch wendet sich vorrangig nicht nur an Feuerwehrfachleute, sondern vor allem an die am Feuerwehrdienst interessierten „Laien" –, an Bürger, die ein wenig mehr über „ihre Feuerwehr" wissen möchten –, an Jugendliche, die Feuerwehr einfach „spannend" finden und deshalb mindestens einen kleinen Blick in den Alltag der Wehren werfen möchten –, nicht zuletzt aber auch an Menschen, die beispielsweise an der Geschichte des Feuerwehrwesens in Deutschland, an der speziellen Feuerwehrtechnik oder an den vielfältigen Organisationsstrukturen interessiert sind.

Neben den textlichen Inhalten entstanden die Bilder dieses Buches vor allem während meiner jahrzehntelangen Arbeit im Rahmen der Einsatzdokumentation für die Feuerwehren am Bodensee, im Rahmen meiner hauptberuflichen fachredaktionellen Tätigkeit im Bereich Brandschutz und Rettungsdienst sowie während meiner zahllosen Besuche bei Feuerwehren und Rettungsorganisationen in Deutschland.

Die Feuerwehren in Deutschland haben etwas zu bieten – Tag und Nacht, rund um die Uhr und während des gesamten Jahres „schützen, retten, löschen und bergen" sie dort, wo Menschen in Not und Gefahr sind. Die rund 1,35 Millionen aktiven Feuerwehrangehörigen stellen aber auch die wohl größte „Bürgerinitiative" in Deutschland dar, sind „Bürger für Mitbürger", die sich zum Wohl ihrer Nachbarn, Freunde oder Gäste engagieren – oft unter zeitlichen und kräftemäßigen Entbehrungen, nicht selten auch unter Einsatz des eigenen Lebens.

Die Feuerwehren in Deutschland haben es verdient, dass man über sie berichtet – und dass das, was über sie geschrieben wird, auch mit Interesse gelesen, aufgenommen und verstanden wird.

In diesem Sinne wünsche ich Ihnen viel Freude mit diesem Buch, eine spannende Lektüre und einen interessanten Einblick in das deutsche Feuerwehrwesen.

Radolfzell/Bodensee, im August 2008
Wolfgang Jendsch, Autor

Inhaltsverzeichnis

Kapitel 4
Aufgaben der Feuerwehr

Kapitel 5
Informationen

Das Feuer – eine Einführung

„Am Anfang war das Feuer!" – und es machte den Menschen gegenüber dem Tier zu einem ganz besonderen Lebenswesen. Feuer war und ist ein „Urelement" und ein Synonym für die Zerstörung und für das Leben zugleich. Naturgemäß hat der Mensch das Feuer nicht erfunden, sondern er hat es für sich selbst nutzbar gemacht. Die Tatsache jedoch, dass der Mensch irgendwann das Feuer erzeugen, bewahren und unter Kontrolle bringen konnte, bedeutete einen wesentlichen Abschnitt im Rahmen der biologischen Evolution, der Entstehung von Zivilisation sowie der Entstehung menschlicher Kulturen.

Historische Funde belegen, dass Feuer bereits vor weit mehr als 300.000 Jahren (andere Forschungen belegen sogar 1,4 Millionen Jahre: eine Feuerstelle in Kenia/Afrika, weitere historische Feuerspuren wurden bei Pula/Istrien und bei Nizza/Frankreich gefunden) von Menschen zum Wärmen, zur Zubereitung von Speisen, zum Schutz sowie zur Kultivierung von menschlichen Lebensräumen genutzt wurde. Später diente Feuer dem Menschen auch als natürliches Element zur Herstellung von Arbeitsgeräten und Waffen, zum Beispiel durch Brennen von Ton oder zum Schmieden von Metallen.

Neben dem Feuer als wichtiges, meist unverzichtbares und damit kostbares Hilfsmittel für viele Bereiche des menschlichen Lebens stellte es immer auch ein gefährliches, alles zerstörendes und oft unkontrollierbares Element dar. Das „Schadensfeuer" als oft unbeabsichtigter Brand wurde so auch zum persönlichen Feind des Menschen, seines Hab und Gutes sowie letztendlich seines Lebens.

Bereits von der Frühgeschichte ausgehend erwies sich Feuer und seine Flammen immer auch als ein faszinierendes Element, das Menschen in seinen oft unwiderstehlichen Bann zog. Gestaltende Künstler, Schriftsteller, Maler, Theatermacher und nicht zuletzt die oft legendären „Brandstifter" aller Zeiten erlagen dieser Faszination in unterschiedlichster Art und Weise. Erinnert sei an dieser Stelle nur beispielhaft an „Nero Claudius Caesar Augustus Germanicus", besser bekannt als der „Kaiser Nero" des Römischen Reiches in den Jahren 54 bis 68 n.Chr.. Nero gilt wohl als der berühmt-berüchtigste „Brandstifter" der Geschichte, nachdem er angeblich für den Brand der Stadt Rom im Jahre 64 n.Chr. verantwortlich war.

Feuer – eines der vier Elemente auf dieser Welt, das der Menschheit sowohl zum Segen als auch zum Fluch werden kann.

Feuer hatte auch in den Religionen eine wesentliche Bedeutung. So gab es sogenannte „Feuer-Rituale", die die Götter möglichst positiv beeinflussen

sollten, um damit beispielsweise Fruchtbarkeit und Wachstum zu sichern oder um den Winter zu vertreiben. Noch heute sind die traditionellen Osterfeuer in Deutschland ein Überbleibsel solcher Rituale.
Herdfeuer in den Häusern und Haushalten des alten Rom galten zum Beispiel als heilige Orte. Die Priesterinnen (Vestalinnen) der Göttin des Feuers, Vesta, waren an diesen „Heiligen Feuerstätten" dafür verantwortlich, dass das Feuer niemals ausging.
„Die Erde war einst ein Glutball – Feuer! Das Leben ist ein Rest des Feuers", philosophierte der Kulturhistoriker und Schriftsteller Oswald Spengler (1880–1936) –, und der Dichter Ernst Moritz Arndt (1769–1860) ergänzt in seinem „Feuerlied" inhaltlich: „Aus Feuer ist der Geist erschaffen – drum schenk mir süßes Feuer ein!". Die Äbtissin Hildegard von Bingen (1998–1178) schrieb: „Feuer, Luft, Wasser, Erde sind im Menschen, aus ihnen besteht er. Vom Feuer hat er die Wärme, ..." (veröffentlicht: Therapeutisches Monatsheft, 16. Jahrgang, Juni 1902).
Selbst die gefährliche Seite des Feuers wird in der Literatur deutlich. So gilt auch heute noch die Feststellung von Mark Twain: „Ein gebranntes Kind scheut das Feuer!" –, die von William Shakespeare (in Heinrich VI., 3. Teil, 4. Akt, 8. Szene): „Leicht wird ein kleines Feuer ausgetreten, das – erst einmal geduldet – selbst Flüsse nicht mehr löschen können!" – Auf den sprichwörtlichen Punkt in der Betrachtung der positiven und negativen Seiten des Feuers bringt es der folgende Satz: „Feuer und Wasser sind zwei gute Diener, aber schlimme Herren!". Und in Friedrich Schillers „Lied von der Glocke" heißt es „Wohltätig ist des Feuers Macht, wenn sie der Mensch bezähmt, bewacht!" – eine Weisheit, die noch heute von ganz besonderer Bedeutung im Umgang mit dem Element Feuer ist.
Feuer war und ist zunächst einmal eine Naturerscheinung. Es kann nach einen Blitzschlag entfacht werden oder aus einem Vulkan ausbrechen. Jährlich kommt es auf dieser Erde zu Hundertausenden von Großbränden allein durch Blitzeinschläge mit Milliardenschäden. Vulkanausbrüche fordern das Leben Tausender Menschen und zerstören ganze Landschaften vollständig.
Seit der Mensch sich jedoch des Feuers in unterschiedlichster Weise bedient, kommt es dabei auch durch Fahrlässigkeit und Mutwilligkeit zu Bränden und den entsprechenden Folgeschäden. Letztendlich war es immer wieder auch und heutzutage der Mensch, der durch sein Verhalten für die meisten Schadensfeuer verantwortlich ist. So zerstörten Großbrände vor allen Dingen in Zeiten des Mittelalters zahlreiche bedeutende Städte in Deutschland und in Europa – so beispielsweise der „große Stadtbrand von London" im Jahre 1666, der „große Brand von Hamburg" in 1842 oder Großbrände in Heidelberg, München oder Mannheim.
Nicht zuletzt aus dieser Erkenntnis heraus und zudem zum Selbstschutz organisierte der Mensch den Brandschutz. Die Begriffe „Retten – Löschen – Bergen – Schützen" wurden später in Zeiten des organisierten Brandschutzes zum Aufgabenmotto der Feuerwehren.
Die Welt verändert sich, der Mensch und seine Gesellschaft ebenfalls. Längst ist es nicht mehr allein das Feuer, das die seit über 150 Jahren bestehenden Feuerwehren beschäftigt. Eine zunehmende Industrialisierung und technische Innovationen fordern die „Feuer"-Wehren somit zu technischen Hilfeleistungen, zum Kampf gegen Schadstoffe und nicht zuletzt zum engagierten Kampf für die Umwelt. Brandbekämpfung ist heute nicht selten der kleinere Teil einer Feuerwehr-Einsatzstatistik. Die „Feuer"-Wehr ist längst zu einer Einheit von Spezialisten geworden.
Am Anfang war das Feuer – heute sind es die unterschiedlichsten Anforderungen, mit denen sich die Feuerwehren tagtäglich konfrontiert sehen.

Automobil-Feuerspritze (LF 12) der Feuerwehr Radolfzell auf Opel-Fahrgestell mit Metz-Aufbau, Baujahr 1924

Kapitel 1

Geschichte der Feuerwehren in Deutschland

Die Ursprünge des organisierten Brandschutzes in Deutschland

Die Geschichte des individuellen Brandschutzes und der Feuerwehren in Deutschland ist lang. Sie begann mit den Bemühungen der von Bränden und Schadensfeuern tangierten Besitzern von Anwesen in Dörfern und Städten, zunächst unkoordiniert und ohne fachliche Kenntnisse ihr Hab und Gut mit Wassereimern und anderen Hilfsmitteln zu löschen. Etwa ab den Jahren um 1300 und in Folge zunehmender Entstehung größerer Ortschaften und Städte wurde seitens der Obrigkeiten die Notwendigkeit reglementierter Brandschutzvorsorge erkannt. Regularien in Form von Ratsverordnungen und speziellen Feuerordnungen sollten versuchen, wirksamen Schutz sowohl gegen das Ausbrechen als auch gegen das unkontrollierte Ausbreiten von Schadensfeuern zu bieten. Bauliche Vorschriften im Hinblick auf die Errichtung geeigneter Gebäudedächer, Feuerungsanlagen und Brandmauern unterstützten die Vorsorgebemühungen der Kommunen, Räte und Bürger. Trotzdem kam es immer wieder zu Großbränden, die ganze Dörfer und Städte oft völlig zerstörten.
In der ersten Hälfte des 18. Jahrhunderts (1700-1750) erlebte der „Brandschutz" dahingehend eine weitere Dimension, als er den vorbeugenden Bemühungen zur Verhinderung von Bränden und Schadensfeuern abwehrende Möglichkeiten bot. Technisch orientierte Fachleute entwickelten in dieser Zeit erste Löschgeräte, so unter anderem Feuerlöschspritzen, Saugwerke und Druckschläuche.
Die Brandbekämpfung wurde zunehmend zur öffentlichen Angelegenheit, die eine immer größere Strukturierung und Reglementierung erforderte. Durch die Einbeziehung von besonderen Personengruppen – unter anderem die Handwerkszünfte und die Turnvereine – nahm der organisierte Brandschutz in Deutschland immer stärke Formen an. Zwischen den Jahren 1700 und 1850 entstanden in deutschen Städten und Dörfern immer mehr spezielle organisierte Einrichtungen zum vorbeugenden und abwehrenden Brandschutz, deren Angehörige – im Gegensatz zu den Bemühungen in der Vorzeit – nun auch speziell ausgebildet und trainiert wurden. Zahlreiche Ortschaften und Städte verfügten um 1850 zwar um „Brandbekämpfungseinrichtungen" oder „Löschanstalten", auf die jedoch hinsichtlich ihrer fachlichen Qualität nicht die Bezeichnung „Feuerwehr" zutraf.
Der verheerende Stadtbrand von Hamburg im Mai 1842 sowie zahlreiche weitere Brandkatastrophen machten später sowohl die derzeitige Unzulänglichkeit des Brandschutzes als auch die Notwendigkeit zu organisatorischen und konstruktiven Verbesserungen deutlich. Auch Einflüsse aus den Nachbarländern – insbesondere aus Frankreich – dienten der zunehmenden Verbesserung des Brandschutzes in Deutschland.
Mit der Gründung der ersten Freiwilligen Feuerwehr begann ein weitgehend professionalisierter und organisierter Brandschutz auch in Deutschland, dessen Entwicklung bis zum heutigen Tag fortdauert.

Die ersten Feuerwehren in Deutschland

„Wohltätig ist des Feuers Macht, wenn sie der Mensch bezähmt, bewacht!" (Friedrich Schiller: „Das Lied von der Glocke") – schon bald nach den verheerenden Großbränden in zahlreichen Städten Deutschlands wurde den verantwortlichen Räten und Bürgermeistern dieser Hinweis aus Schillers „Glocke" deutlich und bewusst. Der Gedanke, Feuer kontrolliert einzusetzen und zu halten, vorbeugenden Brandschutz zu betreiben und den abwehrenden Brandschutz zu verbessern und zu fördern, nahm mit den Jahren einen immer breiteren Raum ein.

Conrad Dietrich Magirus (1824-1895) gründete im Jahre 1864 in Ulm an der Donau eine Feuerwehrgeräte-Fabrik, aus der die heutige Firma Iveco-Magirus hervorging.

Um es vorweg zu sagen: Einig ist man sich in Fachkreisen über die „allererste" Feuerwehr in Deutschland keineswegs! Selbst Conrad Dietrich Magirus, einstiger Kommandant der Feuerwehr Ulm/Donau, Erfinder der „fahrbaren Feuerleiter" und Gründer der „Feuerwehr-Requisiten-Fabrik C. D. Magirus" (1866) – später „Feuerwehrgeräte- und Fahrzeugfabrik C. D. Magirus" (1909), „C.D. Magirus AG" (1911), „Magirus-Deutz AG" (1975) und „Iveco-Magirus" (1993) – stellte in seinem 1877 veröffentlichten Buch „Das Feuerlöschwesen in seinen Theilen" fest, dass es „... nicht mit Sicherheit anzugeben" sei, „... welche Stadt die erste moderne Feuerwehr eingerichtet hat".
Mehrere Wehren erheben heute für sich den Anspruch, Deutschlands erste Feuerwehr zu sein. Die Ansprüche begründen sich in der Regel auf dort jeweils noch vorhandene historische Unterlagen und Urkunden, die jedoch nicht immer unmissverständliche Zuordnungen zulassen.
Der heute verwendete Begriff „Feuerwehr" für eine organisierte Brandschutz- und Rettungs-Einheit ist zudem nicht unbedingt identisch mit den in der Vergangenheit gewählten Strukturen der Brandbekämpfung.
Als eine der ersten Feuerwehren Deutschlands gilt die Freiwillige Feuerwehr Saarlouis, die nach eigenen historischen Angaben im Jahre 1811 vom Magistrat der durch die Franzosen verwalteten Stadt gegründet wurde. Zuvor hatte dort eine „Feuerlöscher-Kompanie" bestanden, die reorganisiert und die Bezeichnung „Compagnie de Pompiers" beziehungsweise „Sapeurs Pompiers" erhielt.
Diese Reorganisation erfolgte nahezu zeitgleich mit dem Erlass eines Dekrets für die Pariser Feuerwehr („Organisation militaire du Corps des Sapeurs Pompiers de Paris", 18. September 1811) durch Napoleon, das unter anderem eine Mannschaft von militärisch organisierten, jedoch ehrenamtlich tätigen Freiwilligen vorschrieb. Wenngleich man in Saarlouis ein solches offizielles Dekret nicht nachweisen konnte, wurden die wesentlichen gedanklichen Grundlagen aus Paris in den Reorganisationsbeschluss der Freiwilligen Feuerwehr Saarlouis aufgenommen.
Zu den traditionsreichsten Feuerwehren der damaligen Zeit gehörte die Freiwillige Feuerwehr von Durlach, einem heutigen Stadtteil von Karlsruhe. Auch sie erhebt den Anspruch, die älteste Feuerwehr in Deutschland zu sein.
Gegründet wurde die Wehr im Jahre 1846 vom Durlacher Stadtbaumeister Christian Hengst (1804-1883). Aus seiner für damalige Zeiten ausgesprochen fortschrittlichen und grundsätzlichen sozialen Auffassung heraus war Hengst der Auffassung, dass Lösch- und Rettungsmaßnahmen zum Schutz von Hab und Gut sowie der davon ab-

hängigen persönlichen Existenz zwar professionell organisiert und ausgebildet sein müssen, aber durchaus freiwillig erbracht werden können.
Die Mitglieder der Freiwilligen Feuerwehr Durlach („Pompier-Corps Durlach") rekrutierten sich hauptsächlich aus dem örtlichen Turnverein. Der Brand des Großherzoglichen Hoftheaters in Karlsruhe am 28. Februar 1847 und die dort vom Durlacher „Pompier-Corps" eingesetzte Feuerspritze (Stadtspritze Nr. 2 des Spritzen-Fabrikanten Metz) erbrachte der Wehr deutschlandweit eine überaus große fachliche Beachtung und löste eine Welle von Feuerwehr-Neugründungen in Deutschland aus.
Neuere Erkenntnisse belegen, dass möglicherweise nicht die Freiwillige Feuerwehr Durlach, sondern die Freiwillige Feuerwehr Meißen in Sachsen einen Anspruch auf die Bezeichnung „Erste Feuerwehr in Deutschland" erheben kann.
Am 17. Juli 1841 erfolgte im Rathaus von Meißen die Gründung der Freiwilligen Feuerwehr sowie die feierliche Verpflichtung der Mitglieder.
Zuvor gab es in Meißen bereits seit 1794 eine detaillierte, in 145 Paragrafen eingeteilte „Feuerordnung", die umfangreiche „Maßnahmen und Vorschriften zur Verhütung und Bekämpfung von Feuer" enthielt. Bereits im Oktober 1840 hatte sich der Rat der Stadt Meißen um Mitglieder für ein „Freiwilliges Feuerlösch- und Rettungskorps" bemüht. Im Folgemonat des gleichen Jahres lagen den Ratsmitgliedern dann über 130 Anmeldungen vor.
Auch die Freiwillige Feuerwehr Barmen – heute ein Stadtteil von Wuppertal in Nordrhein-Westfalen – gilt als „Anwärter" auf den Titel „Älteste Feuerwehr in Deutschland". Wenngleich diese Möglichkeit auf Grund der vorgelegten historischen Unterlagen aus dem Jahre 1745 bis heute nicht zweifelsfrei geklärt werden konnte, so kann auch die Freiwillige Feuerwehr (Barmen) in Wuppertal auf eine traditionsreiche Geschichte verweisen. Am 25. Mai 1895 feierte die damalige Stadt Barmen offiziell das 150jährige Jubiläum ihrer Freiwilligen Feuerwehr.
Als älteste deutsche Berufsfeuerwehr gilt die Berliner Feuerwehr. Dort wurde am 1. Februar 1851 der Bauinspektor Ludwig Scabell auf Befehl des preußischen Königs Friedrich Wilhelm IV. mit dem Aufbau einer Berufsfeuerwehr beauftragt und zum „Königlichen Branddirektor" ernannt. Das neue Amt mit der Bezeichnung „Directorium der Feuerwehr" war in die Polizeibehörde eingebunden.
Von der Berliner Feuerwehr gingen für die damalige Zeit bemerkenswerte fachliche Innovationen aus, so unter anderem der Aufbau einer modernen Behördenstruktur für den gesamten Berliner Feuerwehrbereich (u.a. die Einrichtung von zentralen Branddirektionen), die Einrichtung eines flächendeckenden Kommunikations- und Alarmierungssystems (Feuerwehr-Telegrafennetz) und die polizeiliche Anordnung, dass der Feuerwehr im Einsatz Vorfahrt im Straßenverkehr einzuräumen sei (Berliner Polizeiverordnung, § 1: „Fußgänger, Reiter und Fuhrwerke müssen dem Fuhrwerk der hiesigen Feuerwehr die Passage frei machen").

Turner-Feuerwehren

Fast überall in Deutschland boten die offiziellen Einrichtungen der Kommunen und Behörden zur Brandbekämpfung über Jahrhunderte hinweg das Bild einer „undisziplinierten Masse von Löschdienstpflichtigen", die meist nur widerwillig und ohne jegliches Engagement ihrer Arbeit nachgingen. Eher „fortschrittlich" und besser diszipliniert waren hingegen Handwerker, die zur Brandbekämpfung eingeteilt waren oder die sich in kleinen Gruppierungen freiwillig dem Schutz von Hab und Gut annahmen.
Osswald Faber schrieb 1864 in seinem Buch über die Freiwilligen Feuerwehren folgenden Absatz, der eindrücklich die Situation der damaligen Löschkräfte im Einsatz darstellt:
„Da ist nichts als Toben, Schreien, Schimpfen, denn jeder will seinen guten Rathschlägen Gehör

verschaffen. Man sagt sich gegenseitig Complimente, deren geistreiche Zusammensetzung den deutschen Sprachschatz in der eigenthümlichsten Weise vermehren dürfte, und der ruhige, unbefangene Zuschauer würde, wenn der bittere Ernst der Sache etwas anderes als Unwillen in ihm aufkommen ließe, ob eines solchen Chaos herzlich lachen müssen".

Die Anfang des 19. Jahrhunderts begonnene und politisch motivierte „Turnbewegung" in Deutschland („Turnvater" Friedrich Ludwig Jahn, 1778-1852: „Frisch, fromm, fröhlich, frei!") sowie die in Folge erster gemeinsamer Übungen entstandenen örtlichen Turnvereine entwickelten sich über mehrere Jahrzehnte hinweg zum organisatorischen und strukturellen „Wegbereiter" der Feuerwehren. Insbesondere dort, wo in den Dörfern und Kommunen keine organisierte Brandbekämpfung vorhanden war, bildeten die straff organisierten und streng disziplinierten Turnvereine beziehungsweise die später daraus rekrutierten „Turner-Feuerwehren" ab den 1840er Jahren erste funktionierende Brandschutz- und Rettungs-Einheiten, die sich – oft in militärisch-strenger Manier – dem Hakenleitersteigen (Steigermannschaft, Steiger-Corps, Steiger-Kompagnien) und dem Bedienen von Feuerspritzen (Spritzenmannschaft) verschrieben.

Ergebnisse dieser „turnerischen" Entwicklung war ein regelmäßiger, mit Engagement und Nachdruck betriebener Übungsdienst der sogenannten „Turner-Feuerwehren", bei dem die vorrangige Notwendigkeit ständigen Übens und Trainings bereits früh erkannt und praktiziert wurde.

Nach Aufhebens der politisch motivierten und staatlich verordneten „Turnsperre" im Jahre 1842 wurde die Turnbewegung mehrere Jahrzehnte lang zum Wegbereiter der künftigen organisierten Feuerwehren. Dort, wo vorher keine organisierte Brandbekämpfung zur Verfügung stand, nahmen sich die „Turner-Feuerwehren" dieser Aufgabe an beziehungsweise beeinflussten ab den 1860er Jahren maßgeblich die Gründung von Feuerwehren. Bereits 1863 trat beim 3. Deutschen Turnfest in Leipzig auch die Leipziger Feuerwehr mit Schauvorführungen an und förderte damit weithin die

„Da ist nichts als Toben, Schreien, Schimpfen ...!", so jedenfalls stellt sich ein Löscheinsatz anno 1864 dar, präsentiert bei einer historischen Übung im Jahre 1952. Ursprünglich gab es keine organisierte Feuerwehr, Bürger und Handwerker hatten mehr oder weniger freiwillig im Brandfall den Löschdienst zu leisten.

Eine „Steigermannschaft" im Einsatz – und zugleich eine der ersten mechanischen Leitern zur Brandbekämpfung und Menschenrettung.

Bildung weiterer „Turner-Feuerwehren" in deutschen Gemeinden und Städten.
Die offizielle und heutig festgelegte Bezeichnung „Feuerwehr" findet sich erstmals im Zusammenhang mit Berichten zum Brand des Karlsruher Hoftheaters im März 1847.
Unklar bleiben jedoch bis heute meist die genauen Gründungsjahre der einzelnen Turnerfeuerwehren. Meist tauchten deren Namen und Einsätze im Rahmen von Berichterstattungen größerer Brände auf. Trotzdem blieb letztendlich unklar, von wann an die „Turner-Feuerwehr" zu einer regelrechten Feuerwehr im Sinne des Wortes geworden war.

Die Feuerwehr im Zweiten Weltkrieg

Am 28. Dezember 1933 wurde durch die Nationalsozialistische Regierung Deutschlands das „Gesetz über das Feuerlöschwesen" (Feuerlöschgesetz) erlassen. Es trat mit Wirkung vom 1. Januar 1934 in Kraft. Mit diesem Gesetz wurden die deutschen Berufsfeuerwehren der Polizei unterstellt. Sie erhielten die Bezeichnung „Feuerlöschpolizei", obwohl diese Bezeichnung im Gesetz offiziell niemals festgeschrieben wurde.
Mit dem „Reichsgesetz über das Feuerlöschwesen" vom 23. November 1938 (Reichfeuerlöschgesetz) wurde den Ländern die Kompetenz für das Feuerwehrwesen entzogen. Alle Feuerwehren im sogenannten „Dritten Reich" wurden nunmehr direkt dem Reichsminister des Innern unterstellt. Berufsfeuerwehren wurden organisatorisch in die Ordnungspolizei eingegliedert und erhielten damit offiziell die Bezeichnung „Feuerschutzpolizei" (vergleiche: „Feuerlöschpolizei").
Die Freiwilligen Feuerwehren wurden jeweils in die

Im Zweiten Weltkrieg wurden Freiwillige Feuerwehren zu „Hilfspolizeieinheiten", ihre Fahrzeuge wurden in Polizeigrün lackiert. Im Bild ein „Schweres Löschgruppenfahrzeug" (SLG; später LF 15) der Feuerwehr Radolfzell am Bodensee.

Ab 1937 erhielten alle Feuerwehrfahrzeuge die dunkelgrüne Lackierung der Polizei, so auch dieses „Leichte Löschgruppenfahrzeug" (LLG; später LF 8) der Freiwilligen Feuerwehr Markdorf.

Nach dem Zweiten Weltkrieg wurde die Einsatzfahrzeuge der Feuerwehr möglichst bald wieder umlackiert. Die Standardlackierung erfolgte in Rot mit schwarzen Kotflügeln und Stoßstangen. Das Löschgruppenfahrzeug (LF 15) der Freiwilligen Feuerwehr Dinkelsbühl zeigt das typische „Nachkriegs-Design" der Feuerwehrfahrzeuge.

örtlichen Polizeieinheiten integriert. Sie verloren ihren bisherigen Status als Vereine und Verbände und wurden zur „Hilfspolizeieinheit".

Mit dieser Neuorganisation der Feuerwehren in Deutschland ging die Dienstaufsicht über das Feuerwehrwesen auf das „Reich" über, während die Städte und Gemeinden weiterhin die anfallenden Kosten für das Feuerwehrpersonal, das feuerwehrtechnische Gerät und die Feuerwehrgerätehäuser zu tragen hatten.

Das „Reichsfeuerlöschgesetz" wurde unter anderem mit der „...wachsenden Bedeutung des Feuerlöschwesens für Verteidigungszwecke" und den „Luftschutz" begründet und sollte als rechtliche und organisatorische Grundlage eine einheitliche und effektive Schadensabwehr vor allem bei den zu erwartenden feindlichen Luftangriffen sicherstellen.

Ab 1937 erhielten alle Feuerwehrfahrzeuge die dunkelgrüne Lackierung der Polizei. Die Angehörigen der „Feuerschutzpolizei" wurden ab 1939 mit grünen Polizeiuniformen ausgestattet, während Angehörige der Freiwilligen Feuerwehren weiterhin blauen Uniformen trugen. Ab 1940 wurden die Dienstgradabzeichen der Freiwilligen Feuerwehren an die der „Feuerschutzpolizei" angeglichen.

Nach dem Ende des „Zweiten Weltkrieges" erfolgte ein relativ schneller Wiederaufbau des Feuerwehrwesens in Deutschland. Sowohl die Berufsals auch die Freiwilligen Feuerwehren wurden wieder Einrichtungen der Kommunen. Die grüne Lackierung der Feuerwehrfahrzeuge wurde – im negativen Andenken an die vergangenen Jahre – sehr bald wieder entfernt und durch die für Feuerwehren „typische" rote Farbe (RAL 3000; zunächst mit schwarzen Kotflügeln und Stoßstangen) ersetzt.

Eimer, Spritzen, Pferdekarren – Die Motorisierung der Feuerwehr

„Am Anfang war das Feuer!" – Grund genug einerseits, organisierte Feuerwehren in Deutschland zu bilden –, Grund genug anderseits, sich um entsprechendes Löschgerät zu bemühen, das zu einem möglichst effektiven Löscherfolg führen konnte.

Die nachstehenden Abschnitte beschreiben stichwortartig die feuerwehrtechnische Entwicklung vom ledernen Löscheimer der Vergangenheit bis zur ersten Motorisierung der deutschen Feuerwehren.

Das Kapitel 3 („Technik der Feuerwehren": Seite 50) beschreibt darüber hinaus die moderne Fahrzeugtechnik der Feuerwehren in Deutschland.

Feuerlöschgeräte

Die Geschichte des Brandschutzes in Deutschland (und darüber hinaus in Europa!) war zunächst weitgehend charakterisiert durch verheerende Großbrände, von denen die meisten deutschen Großstädte irgendwann einmal betroffen waren. Geschulte und gut ausgerüstete Löschmannschaften hatte man selten zur Verfügung, so dass die existenzbedrohenden Brände von den Einwohnern zunächst „von Hand" beziehungsweise mit in Ketten weitergereichten (Leder-)Löscheimern gelöscht wurden. Die Bekämpfung des Feuers beschränkte sich darauf, Mensch, Tier und Habe zu retten und nach Möglichkeit ein Übergreifen auf andere Objekte zu verhindern. An Gerätschaften waren Feuerpatschen, aus Lumpen gefertigte Löschdecken, Leitern, Einreißhaken, Beile, Sägen und eventuell Handspritzen vorhanden. Schwämme, mit Wasser getränkt, dienten als Atemschutz. Sie wurden von den Freiwilligen Feuerwehren in Deutschland noch bis in die Zwischenkriegszeit verwendet, weil man sich Atemschutzgeräte beziehungsweise Atemmasken nicht leisten konnte.

In den Jahren 1700 bis 1750 verbreiteten sich mehrere technische Erfindungen, die die bis dahin bestehenden Möglichkeiten zur Verhinderung und Bekämpfung von Schadenfeuern deutlich verbesserten:

Beispielsweise der Druckschlauch, der ein Heranbringen des Löschwassers an den Brandherd ermöglichte (erfunden von dem Holländer Jan van der Heyde in den Jahren 1672/73; um 1700 „Hanfschläuche" aus Hamburg und Leipzig; zwischen 1830 und 1840 erste imprägnierte beziehungsweise gummierte Feuerwehrschläuche) –, der Windkessel an der Feuerspritze, der aus einem unterbrochenen einen kontinuierlichen Wasserstrahl machte – oder das Saugwerk an der Pumpe in Verbindung mit dem Saugschlauch, was den Weg des Wassers von seiner Entnahmestelle in die Spritze veränderte.

Eimer aus Leder oder später aus Holz gehörten zu den ersten Löschgeräten, die von den Bürgern einer Stadt zur Brandbekämpfung vorgehalten wurden. Noch heute kann man solche Geräte bei einigen Feuerwehren und in den Feuerwehrmuseen anschauen.

Haken, Beile und Handspritzen gehörten ebenso zu den Löschgeräten der „ersten Stunde".

Handdruckspritzen (Mannschafts- und Pferdezug)

Handdruckspritzen (auch „Feuerspritzen“) gelten als die ersten wirksamen Feuerlöschgeräte in der Brandschutzgeschichte. Sie wurden zunächst als tragbare (Holzkästen mit Druckeinrichtung), später als fahrbare (Hand- und Mannschaftszug) Geräte konstruiert, verfügten zunächst über ein starres und eher schwierig zu bedienendes Wenderohr (später über flexible Druckschläuche), darüber hinaus über einen Druckhebel und über Querstangen für die Bedienmannschaft. Das Wasser musste mit Eimern zur Spritze gebracht und dort in einen Wasserkasten geschüttet werden (Löscheimer-Kette).

Die meisten Handdruckspritzen in Deutschland wurden im 19. Jahrhundert gebaut. Die wohl älteste noch vorhandene Handdruckspritze stammt aus dem Jahre 1684 und befindet sich im Deutschen Feuerwehrmuseum in Fulda. Das Prinzip der Handdruckspritzen konnte sich bis zur Motorisierung der Feuerwehr halten.

Aufgrund der finanziellen Lage vieler Gemeinden und der hinsichtlich des Brandschutzes gesetzten Prioritäten gab es allerdings immer wieder Probleme bei der Beschaffung von Handdruckspritzen und sonstigem Löschgerät. Aus heutiger Sicht und bei ausreichender Beschaffung von Feuerlöschgerät hätten wohl die meisten Stadtbrände verhindert werden können.

Die feuerwehrtechnischen Entwicklungen verbesserten sich mit den Jahren jedoch wesentlich. Am Anfang des 19. Jahrhunderts wurden die ersten sogenannten „Hydrophore“ in Dienst gestellt, fahrbare Feuerspritzen mit einem Saug- und einem Druckwindkessel, die auf Grund ihrer Technik deutlich mehr Löschwasser fördern und einen Wasserstrahl bis zu 30 Meter weit schleudern konnten.

Im Jahre 1842 baute der Ingenieur Carl (Karl) Metz in Heidelberg die erste Maschinenfabrik zur Herstellung von Feuerspritzen und anderen Löschgeräten. Er konzipierte und konstruierte zunächst

Die ersten Handdruckspritzen waren Holzkästen mit Druck- und Pumpeinrichtungen – wie dieses restaurierte Gerät der Feuerwehr Radolfzell aus dem Jahre 1851. Später wurden die Spritzen als fahrbare Handdruckspritzen für den Mannschafts- und Pferdezug gebaut.

Bei den fahrbaren Feuerspritzen fanden sich große Querstangen, mit denen Mannschaften durch wechselseitiges Pumpen (Gumpen) den Wasserdruck aufbauen konnten. Im Bild eine Handdruckspritze der Freiwilligen Feuerwehr Wildenstein aus dem Jahre 1836 (Wieland, Ulm), ausgestellt im Feuerwehrmuseum Waldmannshofen.

Pumpensysteme, die eine wesentliche technische Bereicherung der damaligen Brandbekämpfung darstellten. Im Jahre 1864 gründete der Ulmer Kaufmann Conrad Dietrich Magirus eine „Fabrik für Feuerlöschrequisiten“. Die Firmen Metz (Karlsruhe) und Magirus (Ulm) zählen noch heute zu den bedeutendsten und erfolgreichsten deutschen Herstellern von Feuerwehrgeräten.

Bis dahin waren Handdruckspritzen wohl fast ausschließlich als Einzelstücke von Schmieden oder Wagenbauern angefertigt worden.
Dabei war das technische Grundprinzip der „Kolbenpumpe“ bei Handdruckspritzen einfach und letztendlich doch genial. Da Kolbenpumpen das Löschwasser jedoch nicht selbst ansaugen konnten, mussten sie direkt in einem Wasserbehälter montiert werden. Über Zylinder und im ständigen Wechsel zwischen Saug- und Druckvorgang wurde das Wasser in Form eines unregelmäßigen Strahls gefördert. Zum grundsätzlichen Problem (und dieses Problem stellt sich noch heute bei der

Das Löschwasser musste mit Eimern und in Form einer „Menschen- und Eimer-Kette“ herangeführt und dort in den Wasserkasten der Feuerspritze geschüttet werden.

„Hydrophore" waren einer technische Weiterentwicklung der ersten Handdruckspritzen. Sie waren mit einem Saug- und Druckwindkessel – im Bild der alten Stadtspritze aus Singen deutlich sichtbar – ausgerüstet, mit dem das Löschwasser deutlich weiter geschleudert werden konnte als mit einer Handdruckanlage.

Im Jahre 1864 gründete Conrad Dietrich Magirus in Ulm eine „Fabrik für Feuerlöschrequisiten" – eine der ersten „Feuerwehr-Geräthe-Fabriken" Deutschlands, die sich bis heute mit der Produktion von Feuerwehrfahrzeugen weltweit einen Namen gemacht hat.

Mussten die ersten Feuerlöschgeräte und Feuerspritzen noch per Hand beziehungsweise per „Mannschaftszug" zur Einsatzstelle verbracht werden …,

… so wurden sie später für den zwei- oder vierspännigen Pferdezug konstruiert.

Restaurierung von Handdruckspritzen!) wurde damals lediglich die Abdichtung zwischen Kolben und Zylinder, die mit Hilfe einer Ledermanschette zu erreichen versucht wurde. Letztendlich erreichte jedoch nur etwa ein Drittel des von einer Handdruckspritze abgegebenen Wassers den Brandherd. Die Erfindung des sogenannten „Windkessels" brachte hier den notwendigen Fortschritt. Er bestand aus einem auf den Druckkanal gesetzten geschlossenen Behälter, an dem das Wendestrahlrohr oder später der Druckschlauch angeschlossen wurde. Das aufgenommene Löschwasser wurde in diesen Druckbehälter gepumpt und sammelte sich dort. Gleichzeitig verdichtet sich durch den im Windkessel steigenden Wasserpegel die dort enthaltene Luft und bildete ein Druckpolster, das den Wasserstrahl gleichmäßig durch den Schlauch oder das Wenderohr leitete.

Während über lange Jahrzehnte hinweg Feuerlöschgeräte per Hand zur Einsatzstelle getragen und später auf zwei- oder vierrädrigen Karren gezogen wurden (Mannschaftszug), wurden ab dem 17. Jahrhundert auch Pferde für den Gerätezug eingesetzt. Neben den hauptsächlich für zwei- oder vierspännigem Pferdezug ausgelegten Handdruckspritzen wurden auch Schlauchwagen und Leiterwagen für Pferdezug in Dienst gestellt. Bürger einer Stadt oder eine Region, die über Zugpferde verfügten, wurden im Brandfall zu Spanndiensten verpflichten und mussten mit ihren Tieren zum Feuerwehrgerätehaus einrücken, dort die Feuerspritzen anspannen und zur Einsatzstelle ausrücken.

In späteren Zeiten verfügten vor allem Berufsfeuerwehren in den größeren Städten über Feuerwachen, in denen Pferdeställe eingebaut und Pferde ständig stationiert waren.

Bereits 1650 konstruierte der Schmied Hans Hautsch aus Nürnberg eine pferdegezogene Feuerspritze mit Windkessel, die mit insgesamt rund 30 Mann bedient werden musste. Die Spritze war mit einem fest montiertem Wenderohr ausgestattet und erreichte Wurfhöhen von bis zu 20 Metern. Allerdings war diese Spritze zu schwerfällig und zudem nur mühsam und personalintensiv zu bedienen.

Im Bild die „historische" Mannschaft der Feuerwehr Radolfzell mit einer zweirädrig sowie mit Stützrädern konstruierten Leiter aus dem Jahre 1920. Neben den Handdruckspritzen waren die auf Fahrgestellen gebauten Leitern die ersten „Einsatzfahrzeuge der Feuerwehr".

Für den Pferdezug vorgesehene Dampfspritze aus dem Jahre 1903 – ausgestellt im Deutschen Feuerwehrmuseum in Fulda.

Dampfspritzen (Pferdezug) – Motorisierung

Mit der technischen Weiterentwicklung der Feuerlöschgeräte verloren die Feuerspritzen zunehmend ihre Aufgabe in der aktiven Brandbekämpfung. Im Jahre 1828 wurde von den Brüdern John und Nils Ericson (1803/1802-1889/1870) in England die erste Dampfdruckspritze erfunden. Bereits vier Jahre später – 1832 – erhielt die Stadt Berlin für ihre Feuerwehr ein solches modernes und technisch fortschrittliches Löschgerät.

Auch in Deutschland wurden in den Folgejahren sowie insbesondere ab Beginn des 20. Jahrhunderts Dampfspritzen von zahlreichen Firmen gebaut. Allerdings konnten sich aber zunächst nur wenige Gemeinden und Städte in Deutschland solche kostenintensiven Löschgeräte leisten. Sie blieben den (Berufs)Feuerwehren der deutschen Großstädte vorbehalten.

Spätestens im 20. Jahrhundert verdrängten der Verbrennungsmotor und die Kreiselpumpe die bis dahin längst veraltete Brandschutztechnik. Bereits am 29. Juli 1888 erwarb der Schorndorfer Ingenieur Gottlieb Wilhelm Daimler (1834-1900) das Patent für eine von Pferden gezogene Feuerspritze mit Motorbetrieb. Dabei trieb ein Einzylinder-Benzinmotor eine Kolbenpumpe des Stuttgarter Feuerspritzenherstellers Heinrich Kurtz an. Daimler stellte 1988 eine solche moderne Motorspritze der Fachöffentlichkeit auf dem 13. Deutschen Feuerwehrtag in Hannover vor.

Der erste „Automobile Löschzug" einer Feuerwehr in Deutschland wurde im Jahre 1902 von der Berufsfeuerwehr Hannover in Betrieb genommen. Er bestand aus zwei Fahrzeugen mit Elektromotoren und einer Dampfspritze. Am 1. Dezember 1906 nahm die Freiwillige Feuerwehr des Berliner Villenvororts Grunewald eine Gasspritze in Betrieb, deren Motor und Fahrgestell von der Süddeutschen Automobilfabrik Gaggenau (SAF) stammten, der Aufbau kam von Busch (Bautzen), eines damals führenden Herstellers von Dampfspritzen und Feuerwehraufbauten.

Am 1. Dezember 1907 nahm als erste deutsche Berufsfeuerwehr die Feuerwehr Frankfurt ein benzingetriebenes Spritzenfahrzeug in Betrieb (Gasspritze auf 1,5t-Fahrgestell von Daimler, 300-Liter-Löschwassertank).

Die Berufsfeuerwehr Braunschweig ging 1910 mit einem „Benzinautomobilen Löschzug" (Büssing) in den Einsatz. Ein Jahr später lieferte die Firma Daimler das erste Spritzenfahrzeug, dessen Benzinmotor nicht nur den Antrieb, sondern auch die Pumpleistung besorgte, an die Berufsfeuerwehr Frankfurt (Saughöhe 7,80 m, Spritzhöhe ca. 50 m, Stahlrohr 3,0 cm, 300-Liter-Löschwassertank, Pumpenleistung 1.800 l/min.).

Mit der Motorisierung der deutschen Feuerwehren war nicht nur der Schritt in eine neue technische Ära getan, sondern zugleich auch der in die Professionalisierung des Feuerwehrwesens in Deutschland (siehe dazu: Kapitel 3, „Technik der Feuerwehr").

Ende des 19. beziehungsweise Anfang des 20. Jahrhunderts erreichte die Motorisierung auch die Feuerwehren in Deutschland. Der erste „Automobile Löschzug", bestehend aus zwei Fahrzeugen mit Elektromotoren und Dampfspritze, wurde im Jahre 1902 von der Berufsfeuerwehr Hannover in Betrieb genommen.

Auch die Firma Mercedes-Benz machte sich im Rahmen der Motorisierung der Feuerwehr verdient. So erhielt Gottlieb Daimler bereits am 29. Juli 1888 das Patent auf eine „Motorgetriebene Feuerspritze". Im Bild der „Mercedes-Benz-Löschwagen" von 1929 der Berliner Feuerwehr.

Nach dem „Zweiten Weltkrieg" nahm das Feuerwehrwesen in Deutschland einen enormen Aufschwung. Insbesondere die Fuhrparks der Feuerwehren wurden aufgerüstet und zunehmend modernes Gerät bestimmte von nun an die Brandbekämpfung und Hilfeleistung.
Im Bild der Fahrzeugpark der Feuerwehr Radolfzell Ende der 1950er Jahre: (v.l.n.r.) Tragkraftspritzenanhänger, Geräte- und Mannschaftsfahrzeug, Löschgruppenfahrzeug (LF 8), Löschgruppenfahrzeug (LF 16), Tanklöschfahrzeug (TLF 15) und „Großes Löschgruppenfahrzeug" (GLF der ehemaligen Feuerschutzpolizei).

Die Weiterentwicklung des organisierten Brandschutzes in Deutschland

Nach dem „Zweiten Weltkrieg" hat das Feuerwehrwesen in Deutschland einen enormen Aufschwung erfahren. Galt es in den ersten Nachkriegsjahren für die Feuerwehren zunächst, Schutz und Hilfe für das zur Verfügung zu stellen, was der Krieg hinterlassen hatte, so war in wenigen Folgejahren auch alles das unter erschwerten Bedingungen zu schützen und zu sichern, was neu entstand und aufgebaut wurde. Eine geringe Anzahl von Feuerwehrangehörigen, die den Schrecken des Krieges unversehrt überlebt hatten versuchten, mit Kooperation mit den Besatzungsmächten den Brandschutz in den Städten und Regionen Deutschlands wieder aufzubauen. Lediglich dem Engagement dieser „Männer der ersten Stunden" ist es zu verdanken, dass zuvor von den Besatzern eingezogene Löschfahrzeuge sowie feuerwehrtechnisches Gerät wieder nutzbar gemacht wurde. Auch seitens der Besatzungsmächte wurde später der Brandschutz dahingehend unterstützt, dass man den Feuerwehren Fahrzeuge und Gerät aus eigenen militärischen Beständen überließ. Und nicht zuletzt war es dem „Organisationstalent" einiger Feuerwehrkameraden zu verdanken, dass bestimmt Dinge, die zur Aufrechterhaltung des Brandschutzes unverzichtbar waren, doch noch zur Verfügung standen. Trotzdem war letztendlich auch dieser völlige Neubeginn schwer, zumal die Gemeinden und Städte kein Geld hatten und auch auf dem „Markt" kaum feuerwehrtechnisches Gerät aufzutreiben war.

Mit der sogenannten „Währungsreform" ändert sich die zuvor prekäre Situation für die Feuerwehren sehr schnell. Plötzlich war wieder alles zu kaufen, auch die Gemeinden hatten wieder Geld, die Altschulden waren vor der Geldentwertung beglichen. Einem „Aufschwung" des deutschen Feuerwehrwesens stand nun nichts mehr im Wege!

Der nachstehende „Blick in die Zukunft" kann nur eine stichwortartige Aufzählung dessen sein, was mittel- und langfristig auf die Feuerwehren zukommen wird – und es kann nur eine persönliche Einschätzung des Autors darstellen, wenngleich die letztendlich aus einer absehbaren und zugleich unausweichlichen Realität resultiert.

Ein Blick in die Zukunft

War der Aufbau und die Neuorganisation des Brandschutzes in Deutschland und des deutschen Feuerwehrwesens ein unbestrittener Erfolg, so wird sich „die Feuerwehr" beziehungsweise dürfen sich „die Feuerwehren" im Sinne eines Engagement des Einzelnen auf diesen Erfolgen nicht mehr ausruhen können.

Deutschland, Europa und die Welt sowie das direkte soziale und wirtschaftliche Umfeld haben sich längst nachhaltig und mit unmittelbaren Auswirkungen auch auf die Feuerwehren verändert – dies sowohl in fachlicher, technischer, taktischer, organisatorischer und nicht zuletzt in menschlicher Hinsicht! Allein durch die Vereinigung Deutschlands mit der damaligen „Deutschen Demokratischen Republik" (DDR) sowie durch die immense Erweiterung Europas stehen die deutschen Feuerwehren vor Bedingungen, die es sowohl in Kooperation mit außenstehenden „fremden" Organisationen als auch im Sinne einer „inneren Einheit" zu bewältigen gilt.

Deutschland, Europa und mindestens ein Teil der restlichen Welt werden über kurz oder lang zusammenwachsen – das deutsche Feuerwehrwesen wird seinen Teil dazu tun müssen, vielleicht sogar vorbildliches Engagement zeigen müssen. Dazu aber muss diese „innere Einheit" auf allen Funktionsebenen erst einmal erreicht, glaubhaft vermittelt und in der Praxis internationaler Kooperation realisiert werden. „Schöne Worte" und „großartige Gesten" der Feuerwehrverbände und ihrer Funktionsträger reichen dazu allein sicher nicht aus!

Wo also liegt die realistische „Zukunft des Feuerwehrwesens in Deutschland"?

Sie liegt – wie zuvor angedeutet – zunächst mal in sich selbst. „Scheuklappendenken" auf deutscher Seite gegenüber Anderen und Fremden, „Selbstprofilierung Einzelner" statt gemeinsamer Profilierung nach außen, „technischer und taktischer Größenwahn" statt Lernfähigkeit und Austausch sowie die grundsätzliche Vermeidung von Neid und Missgunst Anderen gegenüber insbesondere an der Organisationsbasis sind im Hinblick auf die Weiterentwicklung der Feuerwehren längst und vor allem in unmittelbarer Zukunft völlig fehl am Platze. Ein solches Verhalten blockiert jegliche Chancen und Möglichkeiten der Kooperation, reduziert in deutlicher Weise die Motivation von hauptberuflichen und freiwilligen Kräften und missachtet nicht zuletzt das fachliche und menschliche Potential künftiger Kooperationspartner.

Die „Zukunft des Feuerwehrwesens in Deutschland" liegt aber auch in ihrer Struktur. Geschichte und über 150 Jahre lange Tradition sind zwar die Basis für eine Organisation, die sich als die „größte Bürgerinitiative" Deutschlands und eventuell sogar Europas bezeichnen darf –, Reformen und ein grundlegender Strukturwandel sind aber trotz aller Geschichte und Tradition zur Zukunftssicherung längst dringend erforderlich und zugleich ganz sicher unverzichtbar.

Dabei geht es beispielsweise um die Organisationsstruktur der Feuerwehren. „Rotglänzende Einsatzfahrzeuge" (die nicht selten unterbesetzt sind!), „goldglänzende Uniformen" (... einiger Funktionsträger, die nach außen hin nicht unbedingt das realistische Bild ihrer Organisation vermitteln!) oder immer nur „glänzende Eigenleistungen und Angebote" (die man im Ausland zwar zur Kenntnis nimmt, aber längst mit gesundem Misstrauen betrachtet!) sind in aller Regel nicht geeignet, ein positives und zugleich realistisches Bild des Feuerwehrwesens in Deutschland zu vermitteln. Ein solches Verhalten provoziert Unglaubwürdigkeit und

ist damit regelmäßig nicht geeignet, die Zukunft global und kooperativ zu sichern.
Aber es gibt zahlreiche weitere Fragen zur zukünftigen Organisationsstruktur der Feuerwehren. Sollen die Feuerwehren weiterhin Teil der Kommunen bleiben – oder gibt es sinnvolle und effektive Möglichkeiten im Rahmen privatwirtschaftlicher Dienstleistungen? Müssen deutsche Feuerwehren auch weiterhin auf das Ehrenamt beziehungsweise auf die Freiwilligkeit ihrer zunehmend überforderten und mit Alternativen überhäuften Mitglieder setzen – oder sollten sich Kommunen ihrer gestiegenen Verantwortung bewusster werden und parallel zugleich auch den hauptamtlichen Bereich stärken? Bestimmen über Jahrzehnte manifestierte technische und taktische Grundlagen im Feuerwehrwesen auch weiterhin das Denken von Führungskräften und Mannschaften – oder könnte ein „Blick über den Zaun" nicht auch Reformmöglichkeiten offenbaren? Nicht zuletzt: Soll die allumfassende Bürokratie, die von der allgemeinen Verwaltung aus längst auch auf die Feuerwehren „übergeschwappt" ist, auch in Zukunft die immer knapper werdende Zeit, das Engagement Einzelner oder das innovative organisationsinterne Denken verhindern?
Die vorstehenden Fragen sollen und können an dieser Stelle nicht beantwortet werden, aber sie bieten Gelegenheit zum Nachdenken. Nachdenken zum Beispiel auch über das derzeitige und vor allem künftige „Image" der Feuerwehren in Deutschland – ihr „Bild" in der Öffentlichkeit!? Mit diesem „Image" steht es derzeit ganz sicher nicht zum Besten, wenngleich auch hier in den letzten Jahren durchaus engagierte Bemühungen Einzelner zum Erfolg geführt haben. Vor allem im Ausland gelten deutsche Feuerwehren und ihre Funktionäre nicht selten als „überheblich" – „... die Größten und die Besten sind wir!" –, obwohl die Leistungen von Feuerwehren in vielen Teilen Europas und der Welt längst an diese „Größe" heranreichen, sie partiell möglicherweise sogar „überragen".
Begriffe und zugleich Notwendigkeiten wie „Pressearbeit", „Öffentlichkeitsarbeit" oder „Dokumentation" waren über Jahrzehnte hinweg ein „rotes Tuch" im Umfeld roter Einsatzfahrzeuge. Erst sehr langsam und oft lediglich auf wenig professioneller Ebene treten Verbesserungen ein – der Schritt zur Professionalität allerdings lässt allzu lange auf sich warten und wäre längst dringend erforderlich.
Es ist eine alte PR-Weisheit die sagt, dass über den geredet wird, der nicht selbst redet. Die „Feuerwehr der Zukunft" wird sich im Sinne eigener Reformbemühungen sehr viel deutlicher artikulieren müssen als bisher, sie wird sich eine sehr viel stärkere Lobby schaffen müssen als bisher, und sie wird ihre Meinung und Auffassung sehr viel konkreter in Gesellschaft und Politik vertreten müssen als bisher.
Die Feuerwehrverbände und deren Funktionsträger haben das bisher nicht leisten können und werden das (allein) auch in Zukunft nicht leisten können, hier ist letztendlich das persönliche Engagement eines jeden Einzelnen auf allen Ebenen und in diesem Sinne auch die gegenseitige Akzeptanz gefragt. Ansonsten wird das deutsche Feuerwehrwesen nicht nur seine Anerkennung im internationalen Ausland verlieren, sondern auch zum unkontrollierbaren Spielball und zum unübersehbarem Experimentierfeld finanzpolitischen und marktwirtschaftlichen Denkens werden, bei dem Begriffe wie „Einsparungen", „Reduzierungen", „Einschränkungen" und „Auflösungen" im Kontext mit weiterhin hohen und überhöhten Ansprüchen an unverminderte und uneingeschränkte Leistung an der Tagesordnung sein werden.

Wer ist diese „Feuerwehr" in Deutschland aber wirklich, und was will sie in Zukunft sein und darstellen?
Eine Organisation von „Helden?" (sicher nicht, obwohl sie es manchmal sein könnte?!) –, eine Orga-

„Helden" wie in den Vereinigten Staaten von Amerika wollen deutsche Feuerwehrangehörige nicht sein, obwohl sie es hinsichtlich ihrer Tätigkeit oftmals sein könnten. Im Bild ein Transparent, auf dem die Bürger der Stadt Sonora/Arizona ihre „Firefighters" ehren: „Dank an unsere Schutzengel".

nisation von „Experten und Spezialisten?" (in vielen Fällen durchaus, aber längst nicht in allen Fällen und schon gar nicht auf allen Ebenen! Hier zeigt sich dringender Nachholbedarf!) –, eine „unnahbare Behörde", ein „städtisches Amt"? (so jedenfalls ein deutlicher Trend! Eine „Dienstleistungs-Organisation" für den Bürger wäre allerdings sehr viel besser und sinnvoller!) –, oder gar eine „äußerst attraktive Organisation", die für den zum Engagement bereiten Bürger und Jugendlichen an vorderster Stelle seiner Überlegungen steht (derzeit ganz sicher nicht mehr, denn Stellenwerte und Prioritäten haben sich in der Gesellschaft verändert, die Attraktivität zum Feuerwehrdienst muss nachhaltig verbessert werden!).

Wäre es nicht sogar am allerbesten, wenn sich die Feuerwehren in Deutschland mit ihren durchaus attraktiven und hochwertigen Angeboten ganz bewusst und nachdrücklich als „Dienstleister" im Sinne von „Bürger für Mitbürger" verstehen und nach Außen hin darstellen würden –, wenn sie der Öffentlichkeit gegenüber offen und ehrlich im Hinblick auf ihre Angebote, Möglichkeiten, Grenzen und Wünsche auftreten –, und wenn Feuerwehrangehörige von dieser Öffentlichkeit und von diesen Mitbürgern dann als hilfreiche „Experten und Spezialisten" und weniger als „unnahbare Behördenvertreter" akzeptiert und anerkannt würden?

„Spezialisten" in vielen Bereichen sind Feuerwehrleute allerdings schon – nicht nur die lange Reihe von speziellen Schutz- und Arbeitsbekleidungen macht diesen Anspruch aus.

Auf Basis dieser sehr wohl kritischen Fragestellungen und zugleich der gut gemeinten Anregungen ist es längst Zeit, dass Berufsfeuerwehren, Freiwillige Feuerwehren, Werkfeuerwehren und Feuerwehrverbände sowie letztendlich jeder einzelne Feuerwehrangehörige über sich selbst ausführlich und detailliert nachdenken. Aus diesem Nachdenken heraus gilt es, die entsprechenden Schlüsse ziehen und diese dann in die Zukunftsrealität umzusetzen.

Die deutschen Feuerwehren stehen seit Langem in einem existenzbedrohenden wirtschafts- und sozialpolitischen, gesellschaftlichen, europäischen und nicht zuletzt globalen Wettbewerb. Für die Zukunft werden daher letztendlich nur noch realistische Ziele von Bedeutung, engagierte Reformen notwendig und die ehrliche Bereitschaft zur internationalen Kooperation wirksam sein.

Nur dann können die aus der Geschichte heraus manifestierten und traditionellen Ziele der Feuerwehr in Deutschland, Leben und Sachwerte bei Bränden, Unfällen und Naturkatastrophen zu retten, zu bewahren und zu schützen (Das Motto der Feuerwehren in Deutschland: „Retten – Löschen – Bergen – Schützen"), auch in Zukunft erhalten und immer wieder realisiert werden.

Freiwillige Feuerwehr Kehl am Rhein

Kapitel 2

Organisation der Feuerwehr in Deutschland

Das deutsche Feuerwehrwesen unterliegt einer föderalistischen hierarchischen Struktur und Organisation, sowohl in ihrem Aufbau als auch hinsichtlich ihrer personellen Ressourcen. Im Detail richtet sich die Organisationsstruktur nach kommunalen, kreis- sowie länderspezifischen Vorgaben, letztendlich jedoch ist sie deutschlandweit einheitlich. Dies gilt insbesondere für die grundsätzliche Einteilung der Feuerwehren in Berufs-, Freiwillige und Werkfeuerwehren, für die wesentlichen Grundlagen zur Aus- und Fortbildung der Feuerwehrangehörigen sowie für die technische Ausstattung der Feuerwehren.

Das Feuerwehrwesen in Deutschland ist „Ländersache“, es gibt kein „Bundesfeuerwehrgesetz“ in Deutschland. Die Finanzierung der Feuerwehren ist Aufgabe der Kommunen. Eine Bezuschussung insbesondere von Fahrzeugen und Ausrüstung ist über die jeweiligen Länder möglich.
Die deutschen Feuerwehren mit ihren dort gleichberechtigt tätigen weiblichen und männlichen Mitgliedern werden auf Bundesebene vom „Deutschen Feuerwehrverband“ (DFV) vertreten.

Die nachstehenden Abschnitte geben einen kurzen Überblick über die Organisationsstruktur der deutschen Feuerwehren.

Berufsfeuerwehren

Schon auf Grund der zahlenmäßigen Überlegenheit basiert das deutsche Feuerwehrwesen weitgehend auf Freiwilligkeit und damit auf den rund 21.000 in Deutschland etablierten Freiwilligen Feuerwehren. Dass Schutz und Hilfe insbesondere in deutschen Großstädten und Metropolen allein durch Freiwillige Feuerwehren jedoch nicht realisiert werden kann, wird schon auf Grund der immensen Einsatzzahlen in einzelnen Städten und Regionen deutlich.

Kommunen mit einer bestimmten Einwohnerzahl richten somit eigene Berufsfeuerwehren (BF) ein, geregelt durch Gesetze der Bundesländer. Danach sind Städte mit einer Einwohnerzahl von über 100.000 zur Einrichtung einer Berufsfeuerwehr verpflichtet.

Ausnahmen bestehen in Nordrhein-Westfalen (BF nur in kreisfreien Städten), Rheinland-Pfalz (ab 90.000 Einwohner), Schleswig-Holstein (ab 80.000 Einwohner) und Baden-Württemberg (ab 100.000 bis 150.000 Einwohner).

Eine Berufsfeuerwehr ist eine öffentliche kommunale Einrichtung (Körperschaft des öffentlichen Rechts). Sie besteht aus mindestens einer mit hauptamtlichem Personal (Feuerwehrbeamte, Angestellte) ständig besetzten Feuerwache. Die personelle und feuerwehrtechnische Ausstattung einer Berufsfeuerwehr richtet sich in der Regel nach der Einwohnerzahl der jeweiligen Kommune und/oder nach besonderem Gefahrenpotential im Zuständigkeitsbereich der Wehr.

Die Organisation einer Berufsfeuerwehr gliedert sich in den „Mittleren Dienst" (Basis-Einsatzkräfte), „Gehobener Dienst" (u.a. Wachleiter, Sachbearbeiter, Einsatzleiter) sowie den „Höheren Dienst" (Abteilungsleiter, Leiter einer Feuerwehr).

Mit wenigen Ausnahmen sind Städte mit einer Einwohnerzahl von über 100.000 in Deutschland zur Einrichtung einer Berufsfeuerwehr verpflichtet.

Auf Bundesebene haben sich die Berufsfeuerwehren zur „Arbeitsgemeinschaft der Leiter der Berufsfeuerwehren" (AGBF) zusammengeschlossen mit dem Anspruch, „... Erfahrungsaustausch zu pflegen, auf eine Koordination in wichtigen Fragen der Feuerwehren hinzuwirken sowie Grundsätze und Empfehlungen im Bereich des Feuerwehrwesens, des Rettungsdienstes, des Katastrophenschutzes und der Gefahrenabwehr auf dem Gebiete des Umweltschutzes zu entwickeln".

Freiwillige Feuerwehren

Auch Freiwillige Feuerwehren (FF) sind als kommunale Einrichtungen sogenannte „Körperschaften des öffentlichen Rechts", deren Angehörige sich in der Regel aus ehrenamtlichen Mitgliedern sowie zum Teil aus hauptamtlichen Kräften zusammensetzen.
Freiwillige Feuerwehren in Deutschland sind in Städten und Gemeinden mit weniger als 100.000 Einwohnern für den Brandschutz zuständig. In das kommunale Brandschutzkonzept integriert sind Freiwillige Feuerwehren auch in Städten, die über eine Berufsfeuerwehr verfügen. Sie wirken dort in der Regel als technische und taktische Unterstützung und sind fest in die Organisationsstruktur der jeweiligen Berufsfeuerwehr eingebunden.
Alarmiert werden Freiwillige Feuerwehren über die jeweils zuständige Leitstelle (zum Beispiel Integrierte Leitstelle für alle Hilfs- und Rettungsorganisationen, Kreisleitstelle, Leitstelle der Berufsfeuerwehr) bei allen feuerwehrrelevanten Notfällen (u.a. Brände, Verkehrsunfälle, Hochwasser, Sturmschäden). In Städten, die eine Berufsfeuerwehr unterhalten, werden Freiwillige Feuerwehren entweder zur Unterstützung oder aber generell parallel zu Einsätzen alarmiert. Durch eine oftmals kürzere Anfahrt der Freiwilligen Feuerwehren und durch weitreichende Orts- und Detailkenntnisse deren Mitglieder insbesondere in ländlich strukturierten Regionen können so bei Einsätzen Zeit eingespart und wichtige technische und taktische Erkenntnisse gewonnen werden.
In vielen deutschen Städten nehmen Freiwillige Feuerwehren ergänzend zu den Berufsfeuerwehren bestimmte Spezialaufgaben wahr, zum Beispiel die Wald und Flächenbrandbekämpfung, die Wasserrettung oder bestimmte Umweltschutzaufgaben (zum Beispiel Ölwehr).
Organisatorisch und hinsichtlich ihrer Größe, ihrer Ausstattung und ihrer Aufgaben gliedern sich Freiwillige Feuerwehren in Feuerwehren mit Grund-

Alarmiert werden Feuerwehren über eine sogenannte Leitstelle, die entweder nur für die Feuerwehren oder aber für alle Hilfs- und Rettungsorganisationen in einer bestimmten Region (i.d.R. im Landkreis: Kreisleitstelle) zuständig ist (Integrierte Leitstelle).

Stützpunktfeuerwehren sind mit Sonderfahrzeugen ausgestattet und stehen in einem bestimmten Umkreis zur Unterstützung (Überlandhilfe) anderer Feuerwehren zur Verfügung.

ausstattung (zur Ausstattung zählen meist ein oder zwei Einsatzfahrzeuge), in Schwerpunkt- oder Stützpunktfeuerwehren mit Sonderfahrzeugen und speziellen Aufgaben zur sogenannten „Nachbarschaftshilfe" (zum Beispiel Drehleitereinsätze außerhalb der eigenen Kommune, Technische Hilfe bei Verkehrsunfällen, Gefahrguteinsätze) sowie in Feuerwehrabteilungen als Gliederung einer Gesamtwehr.

Die Gerätehäuser der Freiwilligen Feuerwehren sind – im Gegensatz zu den Feuerwachen einer Berufsfeuerwehr – in der Regel nicht ständig besetzt. Im Einsatzfall müssen die ehrenamtlich tätigen Angehörigen Freiwilliger Feuerwehren über persönliche Funkmeldeempfänger alarmiert werden. Sie verlassen danach ihre Arbeitsstellen, Freizeiteinrichtungen oder Privatwohnungen, rücken innerhalb von wenigen Minuten in das jeweilige Feuerwehrhaus ein, rüsten sich dort aus und besetzen die Einsatzfahrzeuge. In Deutschland kommt es hinsichtlich freiwilliger Feuerwehrangehöriger allerdings zunehmend zu einem Personalmangel, da berufliche Erfordernisse und persönliche Bedürfnisse die Einsatzbereitschaft zum Teil erheblich einschränken können.

Eine organisatorische Sonderform Freiwilliger Feuerwehren sind die Wehren, die mit hauptamtlichem Personal besetzt sind. In diesen meist größeren Wehren arbeiten hauptamtliche Kräfte als Angestellte der Kommune (zum Beispiel Kommandant, feuerwehrtechnische Angestellte, Gerätewarte, Büropersonal). Je nach Einsatzaufkommen und finanzieller Ausstattung der Stadt kann der Freiwilligen Feuerwehr auch eine komplette Einsatzmannschaft mit hauptamtlichen Kräften zugeordnet werden. Diese Einheit – nicht selten sechs bis neun Kräfte und damit die Besatzung eines Ersteinsatzfahrzeugs – entlastet die freiwillig tätigen Feuerwehrangehörigen bei Klein- und Bagatelleinsätzen.

In Zeiten außerhalb der Einsätze nehmen die Hauptamtlichen technische und organisatorische Aufgaben im Feuerwehrhaus wahr (zum Beispiel Fahrzeug- und Gerätepflege, technische Überwachungen, Büroarbeiten).

In einigen Städten mit einer Berufsfeuerwehr besteht eine weitere organisatorisch Form der Zu-

Feuerwehrabteilungen sind Gliederungen einer Gesamtwehr. Sie können innerhalb einer Kommune oder in deren Außenbereich (Dörfer) bestehen. Feuerwehrabteilungen verfügen in der Regel über eine feuerwehrtechnische Grundausstattung sowie meist über ein oder zwei Einsatzfahrzeuge.

sammenarbeit mit Freiwilligen Feuerwehren, nach der freiwillige Feuerwehrangehörige auf der/den Wache(n) der Berufsfeuerwehr Dienst tun können beziehungsweise stundenweise dazu verpflichtet werden. Eine solche Form fördert zugleiche eine Entlastung hauptamtlicher als auch die Fortbildung freiwilliger Kräfte.

Freiwillige Feuerwehren haben heutzutage großen Bedarf an Nachwuchs. Interessierte Bürger – Jugendliche ab 18 Jahren und Erwachsene – können sich direkt an die zuständige Feuerwehr ihrer Stadt beziehungsweise ihrer Gemeinde wenden, um sich dort über Eintrittsmöglichkeiten in die aktive Wehr zu informieren. Bei einem Gespräch mit dem Kommandanten sowie nach einer ersten Besichtigung der Feuerwehr fällt die Entscheidung für eine Mitgliedschaft leichter.

Auch freiwilligen Feuerwehrangehörige benötigen nach ihrem Eintritt in die Wehr zunächst einen Grundlehrgang. Diese Grundausbildung sowie anschließende Fort- und Weiterbildungen finden auf kommunaler Ebene bei den Feuerwehren oder auf Landesebene in den Landesfeuerwehrschulen statt. Sogenannte „Seiteneinsteiger" – Fachleute aus bestimmten Berufsgruppen – können auch unabhängig von der üblichen Ausbildungskarriere als „Fachberater" in der Feuerwehr aktiv werden (zum Beispiel „Fachberater Chemie", „Fachberater Seelsorge", „Fachberater Presse- und Öffentlichkeitsarbeit").

Werk- und Betriebsfeuerwehren

Werkfeuerwehren (WF) in Deutschland gelten als „nichtöffentliche betriebliche Einrichtungen", jedoch gleichzeitig – im Gegensatz zu Betriebsfeuerwehren (BtFW) – als dem Gesetz nach als anerkannte Feuerwehren. Ihre Mitglieder rekrutieren sich aus freiwilligen und/oder hauptberuflichen Mitarbeitern des jeweiligen Betriebes.
Die Aufgaben von Werkfeuerwehren beziehen sich im Wesentlichen auf den speziellen Schutz betrieblicher Einrichtungen. Sie müssen deshalb hinsichtlich ihrer Ausbildung sowie ihrer feuerwehrtechnischen Ausrüstung den Erfordernissen der zu schützenden Betriebe als auch der öffentlichen kommunalen Feuerwehr entsprechen.
Bei entsprechenden Notfällen sowie auf Anforderung dürfen Werkfeuerwehren auch außerhalb des Werk- und Betriebsgeländes eingesetzt werden. Zusammen mit den öffentlichen kommunalen Feuerwehren einer Stadt (Berufsfeuerwehr, Freiwillige Feuerwehr) sind sie in entsprechende Brandschutzkonzepte eingegliedert.
Unterhalten werden Werkfeuerwehren insbesondere von größeren Industriebetrieben, insbesondere von Betrieben der chemischen Industrie sowie von Betrieben mit besonderen Gefahrenpotentialen. Auch die Feuerwehren auf Flughäfen zählen zur Kategorie der Werkfeuerwehren. Auf Bundesebene zusammengeschlossen sind Werkfeuerwehren im „Werkfeuerwehrverband Deutschland" (WFVD).
Dem Gesetz nach nicht anerkannt sind Betriebsfeuerwehren. Sie stellen innerbetrieblich und freiwillig tätige Brandschutz- und Rettungseinheiten kleinerer Unternehmen dar, deren Ausrüstung und Ausbildung allein den Vorgaben des jeweiligen Betriebes entsprechen.

Werkfeuerwehren gelten in Deutschland als „nichtöffentliche betriebliche Einrichtungen". Dem Gesetz nach sind sie behördlich „anerkannte Feuerwehren" – im Gegensatz zu Betriebsfeuerwehren. Ihre Aufgabe ist der Schutz betrieblicher Einrichtungen.

Jugendfeuerwehren

Jugendfeuerwehren sind die Nachwuchsorganisationen der Freiwilligen Feuerwehren. Sie bieten Kindern und Jugendlichen im Alter von zehn bis 18 Jahren ein umfangreiches und regelmäßiges Programm, das zu etwa fünfzig Prozent aus auf die Altersgruppe abgestimmten feuerwehrtechnischem Dienst und darüber hinaus aus allgemeiner Jugendarbeit (Sport, Spiel, Freizeitaktivitäten) besteht. Im Rahmen der Jugendfeuerwehrarbeit wird zudem versucht, Kinder und Jugendliche für den späteren aktiven Einsatz in der Feuerwehr zu motivieren. Jugendfeuerwehren dienen somit wesentlich der Nachwuchsgewinnung und -förderung – insbesondere in ländlichen Bereichen –, wenngleich auch dadurch die allgemeine Problematik des zahlenmäßig unzureichenden Feuerwehrnachwuchses nicht behoben werden kann.

Geführt werden Jugendfeuerwehren in der Regel

Jugendfeuerwehren sind die „Nachwuchsorganisationen" der aktiven Feuerwehren. Hier werden Jungen und Mädchen im Alter ab zehn Jahren für den späteren aktiven Feuerwehrdienst vorbereitet. Zugleich leisten Jugendfeuerwehren eine gesellschaftlich unverzichtbare Jugendarbeit mit Sport, Spiel und zahlreichen Freizeitaktivitäten.

Mitglieder einer Jugendfeuerwehr beim „feuerwehrtechnischen Dienst". Dazu gehören natürlich auch Kenntnisse darüber, wie man einen Löschwasser-Hydranten aufstellt.

Nicht zu kurz kommen in den Jugendfeuerwehren die allgemeinen Freizeitaktivitäten. Sportliche Betätigungen spielen dabei eine besondere Rolle. Höhepunkt eines jeden Jahres ist oft das große Zeltlager der Jugendfeuerwehren, wo man nach „Pfadfinderart" einige Tage lang Gemeinsamkeiten und Kameradschaft pflegt.

von speziell geschulten Jugendfeuerwehrwarten. Mitglieder der Jugendfeuerwehren dürfen nicht in Gefahrenbereichen von realen Feuerwehreinsätzen eingesetzt werden. In der Regel mit 18 Jahren besteht die Möglichkeit eines Übertritts in die aktive Feuerwehr (je nach Bundesland unterschiedlich; es stehen zudem Überlegungen an, das Eintrittsalter auf 16 Jahre zu senken).

Die erste Jugendfeuerwehr Westdeutschlands wurde 1882 in Oevenum (Insel Föhr) gegründet. Auch in den Feuerwehren der ehemaligen „Deutschen Demokratischen Republik" (DDR) gab es bereits Jugendgruppen. Nach dem „Jugendgesetz der DDR" vom 4. Mai 1964 wurden sie als „Junge Brandschutzhelfer" bezeichnet, zu deren Aufgaben die Information und Ausbildung von Kindern über die Grundlagen des Brandschutzes gehörte. Diese sogenannten „Arbeitsgemeinschaften" wurden durch Angehörige der Freiwilligen Feuerwehren geleitet. Auch in den Schulen der DDR wurde der Brandschutz zum Thema: Ab der 5. Klasse wurde im Schulunterricht Vorbeugender Brandschutz, Brandbekämpfung und Erste Hilfe gelehrt.

Nach der Wiedervereinigung beider deutscher Staaten wurden die „Arbeitsgemeinschaften Junger Brandschutzhelfer" in „Jugendfeuerwehren" umorganisiert.

Eine Besonderheit im deutschen (Jugend)Feuerwehrwesen bilden die sogenannten „Minifeuerwehren", in denen Kindern ab vier Jahre neben Spiel und Spaß das richtige Verhalten in Gefahrensituationen vermittelt wird. Die erste „Minifeuerwehr" wurde 1992 im Frankfurter Stadtteil Praunheim gegründet. Dieses vom Engagement Einzelner abhängige Konzept organisationseigener Jugendarbeit haben auch andere Feuerwehren in Deutschland übernommen.

Derzeit bestehen in Deutschland rund 17.600 Jugendfeuerwehren beziehungsweise Jugendfeuerwehrgruppen.

Die Jugendfeuerwehr der Abteilung Radolfzell-Möggingen präsentiert sich hier stolz mit ihren Jugendwarten (im Bild links).

„Minifeuerwehren" bieten Kindern ab vier Jahren die Möglichkeit, neben Spiel und Spaß das richtige Verhalten in Gefahrensituationen zu erlernen. Ihr „Löscheinsatz" sorgt immer wieder für Vergnügen bei den Zuschauern.

Feuerwehren im Zivil- und Katastrophenschutz

Eine Besonderheit im deutschen Brandschutzwesen stellt die Einbeziehung von Feuerwehreinheiten in den Katastrophenschutz (Bund) sowie in den „Erweiterten Katastrophenschutz" der Länder dar.
Der „Katastrophenschutz-Dienst" ist ein nach Landesrecht organisiertes System der Gefahrenabwehr und Hilfeleistung bei außergewöhnlichen Schadensereignissen im Sinne von § 2 des Katastrophenschutzgesetzes (KatSG, Artikel 70 Grundgesetz). Er ist Bestandteil eines einheitlichen Hilfeleistungssystems (Integriertes Gefahrenabwehrsystem), dessen Grundlage die bei den Behörden für die Gefahrenabwehr vorgehaltenen Kräfte und Mittel sowie die Organisationsstrukturen für einen ressortübergreifenden gemeinsamen Einsatz sind. Dabei gilt die „Selbsthilfefähigkeit" als einer der Grundpfeiler des Katastrophenschutzes.

Im Falle eines kriegerischen Angriffs auf das Bundesgebiet oder im Falle einer entsprechenden unmittelbaren Bedrohung (Verteidigungsfall) ist der Bund gemäß Artikel 73 Nr. 1 Grundgesetz für den Schutz der Zivilbevölkerung (Zivilschutz) zuständig. Dem Katastrophenschutz (KatS) unterliegen Maßnahmen zur Vorbeugung, zum Schutz von Leben und Gesundheit sowie zur Notfallhilfe der Bevölkerung bei Großschadensfällen, Katastrophen und kriegerischen Auseinandersetzungen.
Der Wiederaufbau des Katastrophenschutzes in Deutschland begann nach dem Zweiten Weltkrieg. Zuvor waren die wesentlichsten Schutz- und Hilfeleistungsaufgaben im „Militärischen Sicherheits- und Hilfsdienst" (MSHD) zusammengefasst.
Nach Beendigung des sogenannten „Kalten Krieges" reduzierte Deutschland den Katastrophenschutz (Schließung der Warnämter, Abbau von Alarmierungssirenen, Auflösung von Geräte- und Materialdepots, Schließung von Hilfskrankenhäu-

sern und Schutzräumen, Reduzierung der Fahrzeugzuweisungen).
Die Feuerwehren übernehmen im Katastrophenschutz vor allem Aufgaben und Einheiten im Bereich der ABC-Abwehr und des Brandschutzes. In 2006 waren insgesamt über 1,7 Millionen ehrenamtliche Helfer im Zivil- und Katastrophenschutz integriert.

Neben den Feuerwehren, die im Katastrophenfall im Wesentlichen Löschzüge („Löschzug Retten"/LZ-R, „Löschzug Wasserversorgung"/LZ-W) sowie den ABC-Dienst besetzen, sind zahlreiche weitere Hilfs- und Rettungsorganisationen mit ihren grundsätzlichen Aufgabenbereichen in den Katastrophenschutz eingebunden, so beispielsweise als Bundeseinrichtung das „Technische Hilfswerk" (THW; u.a. technische Hilfe, Bergung, Instandsetzung), die Sanitäts- und Rettungsdienste ASB, DRK, JUH und MHD (u.a. Sanitätsdienst, Betreuung) oder etwa die Deutsche Telekom mit ihren speziellen KatS-Zügen.

Ein typisches Feuerwehrfahrzeug des Katastrophenschutzes. Das sogenannte „Löschgruppenfahrzeug" (LF 16-TS) gehört dem „Löschzug Retten" (LZ-R) an und wird den Feuerwehren vom Bund zur Verfügung gestellt. Zum Einsatz kommen diese KatS-Fahrzeuge vorrangig bei Katastrophen und Großschadensfälle, werden aber auch im normalen Feuerwehrdienst eingesetzt.

Eigene Brand- und Katastrophenschutzeinheiten hält beispielsweise die Deutsche Telekom (DTAG) vor. Im Bild ein Geräte- und Mannschaftsfahrzeug mit einem Tragkraftspritzenanhänger als KatS-Standardfahrzeug der DTAG.

Militärfeuerwehren

Eine weitere Besonderheit im deutschen Brandschutzwesen sind die in Deutschland stationierten Militärfeuerwehren. Sie sind Teil der jeweiligen Truppengattungen der Deutschen Bundeswehr, der amerikanischen Streitkräfte (U.S. Army, U.S. Air Force: ca. 70.000 Mann), der britischen Streitkräfte (British Forces Germany: ca. 23.000 Mann), der französischen Streitkräfte (Forces Armees Francaises, Deutsch-Französische Brigade/NATO: ca. 5.000 Mann) sowie der niederländischen Streitkräfte (Deutsch-Niederländisches Korps/NATO).
Die Feuerwehren der deutschen Bundeswehr, aber auch aller anderen Streitkräfte in Deutschland, sind Berufsfeuerwehren gleichgestellt. In wenigen Ausnahmefällen, abhängig von der Größe der jeweiligen militärischen Anlage und deren Gefahrenpotentialen (zum Beispiel in reinen Verwaltungseinrichtungen), sind Betriebsfeuerwehren eingerichtet.
Um die militärische Sicherheit sowie die speziellen Auftragsbereiche der militärischen Einrichtungen zu gewährleisten, nimmt die Bundeswehr Aufgaben des Abwehrenden Brandschutzes eigenständig wahr. Das gilt insbesondere auch für ein spezielles militärisches Gefahrenpotenzial, das entsprechende Schutzmaßnahmen erforderlich macht (zum Beispiel militärischer Flugbetrieb/Militärflugplätze, Truppenübungsplätze, Hafenanlagen der Marine, Umgang mit Spreng- und Explosivstoffen).

Großtanklöschfahrzeug des Fire Departments der U.S. Air Force (6th Area Support Group/ASG) auf dem Flughafen Stuttgart – ein Faun 22.30/45 V (3500/400).

Großtanklöschfahrzeug (GTLF, FL-KFZ 8000) der Bundeswehr in Deutschland auf Faun LF 40.30 mit Aufbau von Saval-Kronenburg/Schörling.

Derzeit unterhält das Bundesministerium für Verteidigung (BMVg) in Deutschland etwa 100 Bundeswehrfeuerwehren mit rund 3.100 Einsatzkräften. Feuerwehren werden durch das Heer, die Luftwaffe, die Marine, die Streitkräftebasis, den Zentralen Sanitätsdienst und dem Rüstungsbereich betrieben.
Der Brandschutz der Bundeswehr ist zentral organisiert und wird vom BMVg koordiniert. Das Ministerium überwacht darüber hinaus die Einhaltung rechtlicher und konzeptioneller Vorgaben im Sinne kommunaler Rechtsaufsicht.
Die Aufstellung und der Unterhaltung von Militärfeuerwehren erfolgen dezentral durch die Teilstreitkräfte und Organisationsbereiche.
Die Beschaffung von Feuerwehrfahrzeugen und Brandschutzgerät erfolgt zentral durch das „Bundesamt für Forschung, Entwicklung und Beschaffung" der Bundeswehr. Die besonderen Anforderungen im Brandschutz behandelt das Fachgebiet „Brandschutztechnik" der „Wehrwissenschaftlichen Dienststelle" mit angeschlossener Zulassungsstelle für Löschgerät.
Militärfeuerwehren können bei besonderen Notlagen in Ausnahmefällen sowie auf Antrag kommunaler Feuerwehren/Behörden auch außerhalb militärischer Einrichtungen tätig werden (Nachbarschaftshilfe). Zum Einsatz kommen sie, um die Zivilbevölkerung zu schützen, um Hilfs- und Rettungsorganisationen sowie insbesondere die kommunalen Feuerwehren zu unterstützen sowie zum Schutz überlebenswichtiger Infrastruktur und der Umwelt.
Eingesetzt werden Kräfte der Militärfeuerwehren in Deutschland auch im Rahmen von Auslandseinsätzen. Vorrangige Aufgaben dort sind der Schutz von Leben und der Gesundheit der Militärangehörigen, zur Sicherung der militärischen Einrichtungen in den ausländischen Einsatzgebieten (zum Beispiel Sanitätseinrichtungen, Flugplätze).

Ein Beispiel aus dem Süden Deutschlands: Die Feuerwehren im Landkreis Konstanz. Der nachstehende Abschnitt informiert stellvertretend für alle anderen Feuerwehren in Deutschland über das Feuerwehrwesen am westlichen Bodensee. Auf dem Bild präsentiert präsentiert sich die Freiwillige Feuerwehr Konstanz mit ihrer „Ölwehr Bodensee".

Zum Beispiel: Die Feuerwehren im Landkreis Konstanz (Baden-Württemberg)

Es wird an dieser Stelle nicht möglich sein, umfangreiche statistische Ausführungen zum Aufkommen der Feuerwehren in Deutschland beziehungsweise in den einzelnen Bundesländern, Landkreisen und Kommunen zu machen. Somit soll die nachstehende Kurzvorstellung des Landkreises Konstanz mit seinen Feuerwehren und der Stützpunktfeuerwehr Radolfzell als Beispiel dienen für andere Regionen und Feuerwehren, die so, ähnlich oder auch anders organisiert und ausgestattet sind.

Der Landkreis Konstanz liegt an einem der südlichsten Punkte Deutschlands im Bundesland Baden-Württemberg. Seine Gemarkungsfläche von 818 Quadratkilometern grenzt an die westlichen Uferbereiche des Bodensees (Untersee, Überlinger See, Zeller See, Gnadensee). Seit der Kreisreform im Jahre 1973 sind insgesamt 25 Städte und Gemeinden im Landkreis Konstanz zusammengefasst. Die Gesamtbevölkerungszahl beträgt rund 274.940 Personen.

Entsprechend den ansässigen Städten und Gemeinden bestehen im Landkreis Konstanz insgesamt 25 kommunale Feuerwehren mit 104 Feuerwehrabteilungen beziehungsweise Stadtlöschbereichen (jeweils in Klammen), davon sechs Stützpunktfeuerwehren mit überregionalem Aufgabengebiet sowie sieben Werkfeuerwehren:

Stützpunktfeuerwehren:
Konstanz (7), Radolfzell (7), Stockach (10), Singen (7), Engen (8), Tengen (9);

Freiwillige Feuerwehren:
Allensbach (4), Reichenau (1), Bodman-Ludwigshafen (2), Hohenfels (6), Mühlingen (4), Eigeltingen (6), Orsingen-Nenzingen (2), Steißlingen (2), Moos (4), Gaienhofen (4), Öhningen (3), Rielasingen-Worblingen (2), Volkertshausen (1), Aach (1), Mühlhausen-Ehingen (2), Hilzingen (6), Gottmadingen (4), Gailingen (1), Büsingen (1);

Werkfeuerwehren:
Alcan Singen, Maggi-Nestle Singen, Nycomed Konstanz, ZP Reichenau, Allweiler Radolfzell, Georg Fischer Singen, Siemens-Dematic Konstanz.

Bei den Feuerwehren im Landkreis Konstanz stehen insgesamt rund 3.455 aktive Feuerwehrangehörige bereit. Im Berichtsjahr 2006 betrug die Anzahl der Einsätze im Landkreis 3.222 (Vorjahre 2000-2005: zwischen 2.207 und 2.279), davon 581 Brandeinsätze (18%) und 1.126 Einsätze zur Technischen Hilfe (35%). Insgesamt 170 Personen konnten bei Feuerwehreinsätzen gerettet, 14 Personen nur noch tot geborgen werden. Von den Feuerwehren werden rund 200 Einsatzfahrzeuge aller Art vorgehalten.
Vertreten werden die Feuerwehren im Landkreis Konstanz vom „Kreisfeuerwehrverband Konstanz e.V." (KFV), einem Verein mit Sitz in Radolfzell/Bodensee. Im KFV sind alle Freiwilligen Feuerwehren sowie alle Werkfeuerwehren des Landkreises Mitglied. Neben der Interessensvertretung unterstützt der Verband die Mitgliedsfeuerwehren bei ihrer Aufgabenerfüllung. Eingeschlossen in diese Unterstützung und Förderung sind die Jugend- und Altersabteilungen sowie die musiktreibenden Züge der Freiwilligen Feuerwehren Konstanz und Rielasingen-Worblingen.
Weitere Schwerpunktaufgaben des KFV sind die Unterstützung bei der Aus- und Weiterbildung aller Feuerwehrangehörigen sowie die Sicherstellung des Informationsflusses und -austausches, insbesondere in feuerwehrtechnischen und -taktischen Angelegenheiten.
Ein weiteres Vereinsziel ist die Unterstützung und Zusammenarbeit mit den für den Brand- und Katastrophenschutz verantwortlichen Stellen.
Neben den Feuerwehren besteht im Landkreis Konstanz ein notfallmedizinischer Rettungs- und Krankentransportdienst in Kooperation zwischen dem Deutschen Roten Kreuz (DRK), dem Arbeiter-Samariter-Bund (ASB), der Johanniter-Unfallhilfe (JUH) und des Malteser Hilfsdienstes (MHD).
Der Notarztdienst wird im sogenannten „Rendezvous-System" durchgeführt. Entsprechende Rettungswachen mit Notarzteinsatzfahrzeugen (NEF), Rettungswagen (RTW) und Krankentransportwagen (KTW) bestehen in Konstanz (DRK, MHD), Radolfzell (DRK), Stockach (DRK), Singen (DRK, JUH, ASB) und Engen (DRK). Ergänzend dazu bestehen organisationsübergreifende Schnelleinsatzgruppen (5 SEG) und Einsatzeinheiten (4 EE) sowie eine Rettungshundestaffel.
Einheiten des Technischen Hilfswerks (THW) sind in Konstanz, Radolfzell, Stockach und Singen stationiert. Einheiten der Deutschen Lebensrettungs-Gesellschaft (DLRG) sind in den Bodensee-Anrainergemeinden Bodman-Ludwigshafen, Dettingen-Dingelsdorf, Konstanz, Allensbach, Radolfzell, Moos, Gaienhofen, Wangen und Öhningen stationiert. Der in Konstanz stationierte Gerätewagen-Wasserrettung (GW-W) wird zusammen mit der Feuerwehr Konstanz besetzt (Rettungstaucher DLRG/Feuerwehr).

Eine Löschgruppe der Feuerwehr Radolfzell mit ihrem Einsatzfahrzeug.

Die Feuerwehr Radolfzell verfügt über ein zentrales Feuerwehrhaus in der Kernstadt, über eine gesonderte Fahrzeughalle im Gewerbegebiet sowie über weitere sechs Feuerwehrhäuser der Abteilungswehren in den Radolfzeller Ortsteilen.

Die Freiwillige Feuerwehr Radolfzell ist eine der sechs Stützpunktfeuerwehren im Landkreis Konstanz und für den Brandschutz und die Verkehrsunfallrettung (Menschenrettung, Technische Hilfeleistung, Umweltschutz) der Großen Kreisstadt Radolfzell ist zuständig. Ihr Zuständigkeitsbereich beträgt 5.857 ha Gemarkungsfläche mit eine Einwohnerzahl von ca. 30.350.

Als Stützpunktfeuerwehr im Rahmen der Überlandhilfe ist die Feuerwehr Radolfzell bei größeren und/oder besonderen Schadensereignissen zudem zuständig für die Gemeinden Moos, Gaienhofen und Öhningen (Gemarkungsfläche ca. 5.512 ha, rund 10.000 Einwohner) sowie auf der Bundesstraße B 33 und einem Abschnitt der Autobahn A 81.

Der Ölwehrstützpunkt der Feuerwehr Radolfzell ist zuständig für ein festgelegtes Einsatzgebiet am und auf dem Bodensee sowie auf dem Rhein im Bereich der Gemeinden Gailingen und Büsingen. Im Rahmen der Überlandhilfe erfolgt ein Einsatz bei entsprechenden nationalen und internationalen Schadensereignissen für alle Anrainer-Staaten (Deutschland, Schweiz, Österreich) auf dem und am Bodensee.

Die Feuerwehr Radolfzell mit ihren etwa 240 Aktiven und rund 460 Mitgliedern (einschließlich Jugendfeuerwehren und Altersabteilungen) verfügt über ein zentrales Feuerwehrhaus sowie eine gesonderte Fahrzeughalle im westlichen Stadtbereich (Abteilung Kernstadt) sowie über sechs weitere Abteilungen in den Ortsgemeinden Böhringen, Stahringen, Liggeringen, Güttingen, Möggingen und Markelfingen.

Geführt wird die Wehr von einem hauptamtlichen Kommandanten. Ihm zur Seite stehen zwei ehrenamtlich tätige Stellvertreter. Das Feuerwehrhaus in der Kernstadt ist während der regulären Dienstzeiten mit drei hauptamtlich tätigen Gerätewarten (Feuerwehrtechnische Angestellte) sowie mit zwei Teilzeitsekretärinnen besetzt.

Neben Konstanz ist auch bei der Feuerwehr Radolfzell ein Ölwehrstützpunkt stationiert. Hier stehen Mehrzweckboote und Spezialfahrzeuge für den Gewässer- und Umweltschutz zur Verfügung.

Ein Teil des Fahrzeugparks der Feuerwehr Radolfzell. Längst wurde er modernisiert und weitere Einsatzfahrzeuge beschafft, so beispielsweise zwei Löschgruppenfahrzeuge (LF 16/12) sowie drei Wechselladerfahrzeuge (WLF).

Taktisch gliedert sich die Feuerwehr Radolfzell in die Löschzüge A und B, in den Umweltschutzzug und in den Ölwehrzug (Ölwehrstützpunkt Bodensee). Die Züge werden von Zugführern und ihren Stellvertretern geleitet. Weitere Löschzüge bilden jeweils die Abteilungen Böhringen und Stahringen (West), Liggeringen und Güttingen (Nord) sowie Möggingen und Markelfingen (Ost).

Neun Feuerwehrangehörige sind zugleich Angehörige des ABC-Zuges (Katastrophenschutz) des Landkreises Konstanz.

Die Feuerwehr Radolfzell verfügt über insgesamt 26 Einsatzfahrzeuge, darunter zwei Löschgruppenfahrzeuge (LF 16/12 Technische Hilfe, LF 16/12 Brandschutz), ein Kleintanklöschfahrzeug (KTLF/TSF-W), eine Drehleiter (DLK 23-12 SE) sowie über ein Wechselladersystem mit drei Wechselladerfahrzeugen (WLF) mit sieben Abrollbehältern (AB-Rüst, AB-Schlauch/Sonderlöschmittel, AB-Löschwasser, AB-Atemschutz/Umweltschutz, AB-Transport, AB-Gefahrgutcontainer, AB-Ölwehr).

Ergänzt werden die Transportfahrzeuge durch zwei Gerätewagen (GW-T mit Kran, GW-T mit Ladebordwand) sowie durch diverse Feuerwehranhän-

ger (2 MZB/Trailer, 1 RB/Trailer, 2 Ölsperrenanhänger, 1 Öl-Sanimat, 1 FwA Führungsgruppe/Öffentlichkeitsarbeit). Desweiteren stehen ein Kommandowagen (KdoW), ein Einsatzleitwagen (ELW 1) und zwei Mannschaftstransportwagen (MTW) zur Verfügung. Die Ortsteilwehren sind mit Löschgruppenfahrzeugen (1 LF 16, 2 LF 8/6, 1 LF 10/6, 2 LF 8) sowie mit Mannschaftstransportwagen (5 MTW/MZF) ausgerüstet.
Die gesetzlichen Aufgaben der Feuerwehr Radolfzell unterliegen dem Feuerwehrgesetz Baden-Württemberg (FwG BW). Sie gliedern sich im Wesentlichen in die „Pflichtaufgaben" und in die „Kann-Aufgaben". Nachstehend die entsprechenden Auszüge aus dem Feuerwehrgesetz:

§ 2 Aufgaben der Feuerwehr („Pflichtaufgaben")
„Die Feuerwehr hat bei Schadenfeuer (Bränden) und öffentlichen Notständen, die durch Naturereignisse, Einstürze, Unglücksfälle und dergleichen verursacht sind, Hilfe zu leisten und den Einzelnen und das Gemeinwesen vor hierbei drohenden Gefahren zu schützen.
Im Übrigen hat die Feuerwehr zur Rettung von Menschen und Tieren aus lebensbedrohlichen Lagen Technische Hilfe zu leisten".

§ 2 Aufgaben der Feuerwehr („Kann-Aufgaben")
„Die Feuerwehr kann auch bei anderen Notlagen zur Hilfeleistung für Menschen und Tiere und zur Hilfeleistung für Schiffe herangezogen und mit Maßnahmen der Brandverhütung, insbesondere mit dem Feuersicherheitsdienst in Theatern, Versammlungen, Ausstellung und auf Märkten beauftragt werden. Sie werden durch „Bürger für Mitbürger" als bürgerschaftliches Engagement erbracht. Diese überwiegend ehrenamtlich tätigen Mitbürger/innen zeichnen sich meist besonders aus durch Hilfsbereitschaft, Gemeinsinn, Ethik, Pflichtgefühl, soziale Kompetenz."

Der Wechselladersystem der Feuerwehr Radolfzell besteht nun aus drei Wechselladerfahrzeugen (WLF) und Sieben Abrollbehältern. Das System lässt ein flexibles Arbeiten an der Einsatzstelle zu.

Kapitel 3

Technik der Feuerwehr

Technik der Feuerwehr

Eine Feuerwehr ohne Einsatzfahrzeuge wäre in der heutigen modernen Zeit undenkbar. Feuerwehrfahrzeuge haben eine Reihe von Grund- und darüber hinaus von Spezialfunktionen, die eine Wehr erst handlungsfähig und schlagkräftig machen. So dienen sie vor allem der effektiven und schnellen Anfahrt zu einer Einsatzstelle, der Zuführung von Feuerwehrangehörigen beziehungsweise Einsatzkräften zur Einsatzstelle, dem Transport von Löschmitteln wie Wasser, Schaum oder Pulver, dem Mitführen der für einen Einsatz benötigten Geräte und Materialien sowie nicht zuletzt als unmittelbare Rettungs-, Berge- und Unterstützungstechnik wie etwa die Drehleiter zur Menschenrettung, der Rüstwagen mit seiner Seilwinde zur Bergung beispielsweise verunfallter Fahrzeuge oder der Einsatzleitwagen zur Kommunikation zwischen der Einsatzstelle und der zuständigen Leitstelle.

Definiert werden Feuerwehrfahrzeuge als speziell gekennzeichnete und mit Sondersignalen ausgestattete Kraftfahrzeuge, die Feuerwehren im Rahmen ihrer Einsatztätigkeit verwendet. In Deutschland sind Feuerwehrfahrzeuge in aller Regel rot (RAL 3000) oder leuchtrot (RAL 3024) lackiert und mit weißen und/oder gelben Streifen versehen. Zunehmend erhalten moderne Feuerwehrfahrzeuge auch ein spezielles Design, das auch auf das „Corporate Identity" (CI) der jeweiligen Stadt abgestimmt sein kann. In Einzelfällen können Feuerwehrfahrzeuge auch mit einer funktionsbezogenen Grafik versehen sein.

Zunehmend werden Einsatzfahrzeuge mit einem besonders „künstlerischen" oder mit einem auf die jeweilige Kommune abgestimmten Design versehen. So wie die Freiwillige Feuerwehr Pürgen bei Landsberg am Lech, die auf ihrem Löschfahrzeug eine optische Verbindung zwischen „Feuer" und „Feuerwehr-Notruf" schaffen ließ.

Fahrzeugtechnik – Die Einsatzfahrzeuge der deutschen Feuerwehren

Die Palette der in Deutschland vorhandenen und genutzten Feuerwehr-Einsatzfahrzeuge ist sehr breit und deren spezielle feuerwehrtechnische Ausrüstung ist ausgesprochen umfangreich. Multifunktionalität bezüglich der Anwendungsbereiche sowie bezüglich der jeweiligen Einsatzumgebung ist bei vielen dieser Fahrzeuge unverzichtbar, nicht ohne Grund werden gerade in Deutschland an Feuerwehrfahrzeuge besondere Anforderungen hinsichtlich der allgemeinen Fahrzeugtechnik, der speziellen Ausstattung und der feuerwehrtechnischen Ausrüstung gestellt.
Eine technische Konstruktions-, Ausrüstungs- und Verwendungsbasis für zahlreiche Grundfahrzeuge der Feuerwehren bietet das „Deutsche Institut für Normung" mit den jeweiligen Normungen (Deutsche Industrie-Norm/DIN) und Vorschriften.
Die Einhaltung der DIN-Vorschriften für Feuerwehrfahrzeuge ist zudem eine der wichtigsten Voraussetzungen zur finanziellen Bezuschussung solcher Fahrzeuge durch die zuständigen Bundesländer.

Unter die DIN 14.500 bis 14.599 beziehungsweise unter die DIN 14.700 bis 14.709 (fahrbare Feuerwehrleitern) fallen derzeit folgende Feuerwehrfahrzeug-Typen (*):

- Einsatzleitwagen (ELW)
- Löschfahrzeuge (KLF, TSF, TSF-W, LF, TLF, GTLF)
- Hubrettungsfahrzeuge (AL, DLK, TM, GM)
- Rüst- und Gerätewagen (RW, GW)
- Rettungsdienstfahrzeuge (KTW, RTW, NAW, NEF)
- Sonstige Feuerwehrfahrzeuge

(*) Abkürzungen siehe Tabelle 4 auf Seite 229

Weitere Feuerwehrfahrzeuge, unter anderem beispielsweise Vorauseinsatzfahrzeuge (z.B. VRW, VLF, VGW), Kleineinsatz- beziehungsweise Kleinalarmfahrzeuge (KEF/KLAF), Trocken(tank)löschfahrzeuge (TroLF, TroTLF), Sonderlöschfahrzeuge (z.B. FLF, SLF), Wechselladerfahrzeuge und Abrollbehälter (WLF, AB), Wasserfahrzeuge und Feuerwehranhänger (z.B. TSA, LiMA) fallen nicht unter die DIN, finden sich aber häufig in den Fahrzeugparks der Feuerwehren. Gründe dafür können beispielsweise die Finanzierung insbesondere bei kleineren Feuerwehren sein (preisgünstige Sonderanfertigungen, Ausstattung mit Sonderaufbauten, Gebrauchtfahrzeuge), darüber hinaus spezielle feuerwehrtechnische Anforderungen an Einsatzfahrzeuge größerer Feuerwehren, Berufsfeuerwehren

„Multifunktionalität" heißt das Stichwort für die Zukunft der Feuerwehrfahrzeuge. Ein Beispiel dafür ist dieses Hilfeleistungs-Löschfahrzeug (HLF 20/16) der Freiwilligen Feuerwehr Taufkirchen/Bayern, das in modernster Bauweise (Magirus/Lohr) sowohl für Lösch- als auch für Hilfeleistungseinsätze konzipiert und ausgerüstet ist. An Bord befinden sich unter anderem neben der Löschausrüstung (2000 Liter Löschwasser, 200 Liter Schaummittel, Wasser-/Schaum-Monitor) auch hydraulisches Rettungs- und Bergungsgerät (Schneidgerät, Spreizer), ein ausfahrbarer Lichtmast (2x 1500-Watt) sowie eine medizinische Notfallausrüstung (Notfallrucksack, Defibrilator).

und/oder Werkfeuerwehren (z.B. Einsatzfahrzeuge auf Flughäfen, Sonderlöschfahrzeuge in Chemiebetrieben).

Einsatzleitwagen der Feuerwehr

Einsatzleitwagen (ELW) dienen dem Einsatzleiter zur Anfahrt zur Einsatzstelle und/oder sie dienen als funk- und/oder kommunikationstechnische Zentrale an der Einsatzstelle. Kommandofahrzeuge bzw. -wagen (KdoF/KdoW) werden als Dienstfahrzeuge für Führungskräfte (i.d.R. Kommandanten, Einsatzleiter) eingesetzt.
Dienstfahrzeuge dienen als Transportfahrzeuge für Feuerwehrpersonal in bestimmten Funktionen (z.B. Fachberater, Vorbeugender Brandschutz) sowie zum Transport von Material (z.B. Post, Akten).
Im Gegensatz zu den Dienst- und Führungsfahrzeugen der Feuerwehr (Pkw, FüKW) unterliegen die Kommando- (KdoW) und die Einsatzleitwagen ELW 1 und ELW 2 in der Regel der DIN. Sie unterscheiden sich vor allem in der Größe und reichen diesbezüglich vom Personenkraftwagen und Kleinbus (KdoW, ELW 1) bis hin zum Kastenwagen und Kleinbus mittlerer Größenordnung. Die größten Einsatzleitwagen (ELW 3) sind auf Lkw- oder Sattelfahrgestellen aufgebaut. Diese ELW-Kategorie ist nicht mehr genormt.
Auf den genannten Fahrzeugen wird in der Regel taktisches Führungs- und Informationsmaterial (z.B. Land- und Stadtkarten, Hydrantenpläne, Gebäudeunterlagen) und spezielles Gerät (z.B. Sprechfunkgeräte, Beleuchtungsmittel) mitgeführt. Alle Fahrzeuge dieser Art sind mit Sprechfunk, größere ELW darüber hinaus auch mit Telefon, Telefax, Computer oder Internetanschluss ausgestattet. Die ELW 1 bis 3 verfügen zudem über nach der jeweiligen DIN vorgeschriebene Arbeits- und Funktionsräume sowie über eine jeweils bestimmte Anzahl von Arbeitsplätzen.

Der Einsatzleitwagen (ELW 1) der Feuerwehr Radolfzell stellt die kleinste der drei ELW-Versionen dar. Zur Ausstattung gehören Arbeitsplätze, Material- und Geräteschränke für Einsatzunterlagen, Sprechfunk, Telefon, Telefax und ein internetfähiger Computer.

Die mittlere Größenordnung der Einsatzleitfahrzeuge stellt der ELW 2 der Berufsfeuerwehr Mannheim dar. Fahrzeuge dieser Art verfügen über getrennte Räumlichkeiten und Arbeitsplätze für Fahrer und Beifahrer, für das Funk- und Kommunikationspersonal sowie für Besprechungen. Durch die entsprechende Ausstattung ist der ELW 2 auch zum Führen größerer Einheiten einsetzbar. Die dritte Größenordnung der Einsatzleitfahrzeuge stellen ELW 3 dar, die zunehmend auf Sattelschlepper-Fahrzeugen und Bussen aufgebaut werden.

Löschfahrzeuge der Feuerwehr

Diese allgemein als „Feuerwehr-Löschfahrzeuge" bezeichneten unterschiedlichen Einsatzfahrzeuge der Feuerwehr stellen den wohl bekanntesten und wesentlichsten Teil der fahrzeugtechnischen Ausrüstung dar. Löschfahrzeuge werden vorrangig zur Brandbekämpfung eingesetzt, modernere Löschfahrzeuge dienen zudem der Menschenrettung und zur Durchführung von technischen Hilfeleistungen kleineren bis mittleren Umfangs. Sie führen vorrangig eine feuerwehrtechnische Beladung zur Brandbekämpfung mit, modernere Löschfahrzeuge sind zudem mit technischem Gerät und Material zur Technischen Hilfeleistung ausgestattet.

Zu den nach DIN genormten Löschfahrzeugen zählen:
- Tragkraftspritzenfahrzeuge (TSF),
- Kleinlöschfahrzeuge (KLF),
- Löschgruppenfahrzeuge (LF),
- Hilfeleistungslöschfahrzeuge (HLF)
- Tanklöschfahrzeuge (TLF)

in ihren unterschiedlichen Ausstattungen und Ausrüstungen.

Tragkraftspritzenfahrzeuge (TSF) und ihre Staffelbesatzung (sechs Personen) stellen dabei die kleinste taktisch unabhängige Einheit der Freiwilligen Feuerwehr zur Brandbekämpfung dar. TSF sind mit Gerät und Material zur Brandbekämpfung und zur Durchführung kleiner technischer Hilfeleistungen ausgerüstet (zum Beispiel Werkzeugkasten, Beleuchtungsmaterial, Äxte, Schaufeln). Sie sind desweiteren – wie die Fahrzeugbezeichnung deutlich macht – mit einer mobilen, nicht fest eingebauten Tragkraftspritze (TS 8/8) ausgerüstet. Sie verfügen über keinen Löschwassertank, so dass Löschwasser mit Hilfe der Tragkraftspritze gefördert werden muss. Modernere Tragkraftspritzenfahrzeuge (TSF-W) sind mit einem Löschwassertank mit einem Fassungsvermögen von bis zu 800 Litern ausgestattet.

Das Tragkraftspritzenfahrzeug-Wasser (TSF-W) stellt eine Weiterentwicklung der TSF dar – mit Löschwassertank! Je nach Ausführung können auf TSF-W bis zu 800 Liter Löschwasser mitgeführt werden. Das im Bild gezeigte TSF-W der Feuerwehr Radolfzell ist mit einem 500-Liter-Löschwassertank ausgestattet.

Tragkraftspritzenfahrzeuge (TSF) stellen mit ihrer Staffelbesatzung (sechs Personen) die kleinste taktisch unabhängige Einheit der Feuerwehr zur Brandbekämpfung dar. Zur Ausrüstung solcher Fahrzeuge werden meist Kleintransporter verwendet. TSF verfügen über keinen Löschwassertank.

Genormt sind zwei Typen von Tragkraftspritzenfahrzeugen: Das Tragkraftspritzenfahrzeug (TSF) und das Tragkraftspritzenfahrzeug-Wasser (TSF-W). Beide Fahrzeuge führen jeweils eine mit vier Mann transportable Tragkraftspritze (TS) mit. Das TSF-W hat im Gegensatz zum TSF einen Wassertank mit mindestens 500 Liter Fassungsvermögen.

Kleinlöschfahrzeuge (KLF) dienen vor allem kleineren Freiwilligen Feuerwehren als Ersteinsatzfahrzeuge. Diese Fahrzeugkategorie ähnelt technisch den TSF, taktisch gesehen stellen diese Fahrzeuge und ihre Besatzung jedoch keine selbstständig einsetzbare Einheit dar.

Löschgruppenfahrzeuge (LF) sind – neben den Tanklöschfahrzeugen (TLF) – die „eigentlichen Löschfahrzeuge der Feuerwehr". Eingesetzt werden sie nicht selten als sogenannte „Allround-Fahrzeuge", da sie einen wesentlichen Teil der feuerwehrtechnischen Beladung (u.a. Pumpen, Schläuche, Leitern) zur Brandbekämpfung mit sich führen. Ihre Besatzung besteht aus einer taktisch unabhängig einsetzbaren Löschgruppe (neun Personen).
Genormt sind derzeit lediglich das LF 10/6 und das LF 20/16 sowie das LF 16-TS für den Katastrophenschutz. Nicht mehr genormt sind die Löschgruppenfahrzeugen LF 8, LF 8/6, LF 16 und LF 16/12. Diese Fahrzeuge zählen jedoch nach wie vor zu den häufig vorhandenen und eingesetzt Löschfahrzeugen der Feuerwehr.
Unterschiedliche Bezeichnungen weisen auf die jeweiligen Größenordnungen und Ausstattungen der Löschgruppenfahrzeuge hin: LF 8, LF 8/6 und LF 16 (ohne Löschwassertank), LF 16-TS (ohne und mit 500- bis 800-Liter-Löschwassertank), LF 10/6, LF 16/12, LF 20/16 (mit Löschwassertank, 1.600 bis 2.400 Liter).
Die Zahlenkombinationen sowohl der Löschgruppenfahrzeuge als auch der nachstehend beschrie-

Löschgruppenfahrzeuge (LF 10/6) bilden nach den Tragkraftspritzenfahrzeugen die nächste technisch-taktische Variante der Löschfahrzeuge. Dabei ist das LF 10/6 die bisher modernste Variante der „kleinen" Löschgruppenfahrzeuge, ausgerüstet mit einem 600-Liter-Löschwassertank. Das hier gezeigt Fahrzeug dokumentiert die künftige Generation der Abteilungs-Löschfahrzeuge der Feuerwehr Radolfzell.

Die Löschgruppenfahrzeuge (LF) der Größenordnung „16/12" – im Bild eines der beiden LF 16/12 der Feuerwehr Radolfzell – bilden die gängigen modernen Standardfahrzeuge der Feuerwehr. Sie können entweder mit dem technisch-taktischen Schwerpunkt „Brandbekämpfung" (B) oder „Technische Hilfeleistung" (TH) ausgerüstet werden.

benen Tanklöschfahrzeuge bezeichnen sowohl die jeweiligen Pumpenleistungen (LF/TLF 20/..) als auch die jeweils mitgeführten Löschwasserkapazitäten (LF/TLF ../24).

Hilfeleistungslöschfahrzeuge (HLF) – auch „Hilfeleistungs-Löschgruppenfahrzeuge – sind Löschgruppenfahrzeuge mit technischer Zusatzausrüstung und -beladung. Sie verfügen zusätzlich zur Ausstattung für die Brandbekämpfung über Gerät und Material zur Technischen Hilfeleistung (TH), beispielsweise über hydraulisches Rettungsgerät (u.a. Schneidgerät, Spreizer, Stempel, Hebekissen), über einen Lichtmast oder über eine Seilwinde. HLF gelten als die „moderne Generation" von Feuerwehr-Löschfahrzeugen. Genormt ist das HLF 20/16.

Tanklöschfahrzeuge (TLF) dienen vorrangig der Durchführung eines schnellen Löschangriffs mit Wasser und/oder mit Schaum sowie der schnellen und längerfristigen Versorgung der Einsatzstelle mit Löschwasser. Aufgrund der großvolumigen Löschwassertanks und einer fest eingebauten Feuerlöschpumpe ist die mitgeführte feuertechnische Be-

Das Hilfeleistung-Löschgruppenfahrzeug (HLF 20/16) verfügt über umfangreiches Material und Gerät für die Technische Hilfeleistung (z.B. bei Verkehrsunfällen) und kann somit in einem breitem Einsatzspektrum als Ersteinsatzfahrzeuge genutzt werden. Im Bild ein HLF auf Mercedes-Benz 1628 „Atego" (Aufbau Iveco-Magirus) der Freiwilligen Feuerwehr Leinfelden-Echterdingen mit abgesetzter Mannschaftskabine.

Tanklöschfahrzeuge (TLF) dienen vorrangig der Durchführung eines Löschangriffs mit Wasser und/oder mit Schaum sowie der Versorgung der Einsatzstelle mit Löschwasser. Speziell eingesetzt werden solche Fahrzeuge auch zur Wald- und Flächenbrandbekämpfung – wie dieses TLF 16/24-Tr (Iveco-Magirus 140 E 28 mit Truppkabine; 2400 Liter Löschwasser, Pumpenleistung 1600 L/min.).

Das kleinste Fahrzeug dieser Löschfahrzeug-Kategorie ist das TLF 8 mit 800-Liter-Löschwassertank – im Bild ein Mercedes-Benz 814 der Werkfeuerwehr Georg Fischer, Singen.

Das TLF 16 bildet die mittlere Größenordnung unter den Tanklöschfahrzeugen. Das Fahrzeug der Feuerwehr Konstanz ist mit einem 1.600-Liter-Löschwassertank ausgerüstet.

Unter den Standard-Tanklöschfahrzeugen stellt das TLF 24/50 (5.000 Liter Löschwasser, Pumpenleistung 2.400 l/min.) die größte Variante dar. Fahrzeuge dieser Art eignen sich zum Einsatz vor allem dort, wo es zunächst an Löschwasser fehlt – zum Beispiel bei Kraftfahrzeugbränden auf der Autobahn.

Übertroffen werden die bisher genannten Tanklöschfahrzeuge noch von den „Großtanklöschfahrzeugen" (GTLF), die vor allem bei Berufsfeuerwehren und größeren Werkfeuerwehren vorgehalten werden. Als GTLF bezeichnet werden alle Tanklöschfahrzeuge mit über 5.000 Litern Löschwasser beziehungsweise mit zusätzlichen Löschmittel-Ausstattungen. Die Berufsfeuerwehr Essen (Nordrhein-Westfalen) verfügt über ein GTLF 48/50-5 auf Mercedes-Benz 2540 „Actros" mit einem Aufbau der Firma Ziegler.

Bestimmte Brände (z.B. Benzinbrände) lassen sich nicht mit Wasser löschen. Um entsprechende Löschmittel an die Einsatzstelle zu bringen, stehen den Feuerwehren Sonderlöschmittel-Fahrzeuge zur Verfügung. Eines davon ist das sogenannte „Trocken(tank)löschfahrzeug" (TroLF/TroTLF), auch „Pulverlöschfahrzeug" (PLF) genannt. Statt eines Löschwassertanks verfügen diese Fahrzeuge über eine Pulverlöschanlage. Im Bild ein solches Fahrzeug der Werkfeuerwehr „Alu-Singen" auf Mercedes-Benz-Unimog mit einer Pulverlöschanlage von Total.

ladung deutlich reduziert. Speziell konzipierte Tanklöschfahrzeuge – häufig mit Allradfahrgestellen – stehen beispielsweise zur Bekämpfung von Wald- und Flächenbränden zur Verfügung, zur Fahrzeug-Brandbekämpfung auf Autobahnen oder auch als „rollende Wasserfässer" im Pendelverkehr zwischen der Löschwasseraufnahme und der Einsatzstelle (Ergänzung zu den Löschgruppenfahrzeugen).

Tanklöschfahrzeuge sind entweder für eine Truppbesatzung (TLF-Tr; 3 Personen) oder für eine Staffelbesatzung (sechs Personen) ausgelegt.

Die derzeitige DIN bezieht sich auf die TLF 16/24-Tr, TLF 20/40 und TLF 20/40-SL, letzteres als Nachfolger des TLF 24/50.

Darüber hinaus reicht die Palette der Tanklöschfahrzeuge von den kleinen TLF 8 (ab 800 Liter Löschwasser) über die TLF-W (Waldbrand-Tanklöschfahrzeuge mit Löschwasserkapazitäten von 1.600 bis 4.500 Liter) und die TLF 16 der mittleren Größenordnung bis hin zu den TLF 24/50 (5.000 Liter Löschwasser) und den Großtanklöschfahrzeugen (GTLF mit über 5.000 Liter Löschwasser).

Über die Standard-Tanklöschfahrzeuge hinaus verfügen insbesondere Berufsfeuerwehren sowie Werkfeuerwehren größerer Unternehmen über (Tank) Löschfahrzeuge, die – zusätzlich zum Löschwasser oder gesondert – mit Trockenlöschmittel (Löschpulver), Löschschaumanlagen oder anderen Sonderlöschmitteln ausgestattet sind (TroLF, TroTLF, PLF).

Hubrettungsfahrzeuge der Feuerwehr

Hubrettungsfahrzeuge – üblicherweise als „Feuerwehr-Drehleitern" bekannt – werden vorrangig zur Menschenrettung eingesetzt, dienen aber auch der Brandbekämpfung in großen Höhen (z.B. im Dachbereich oder in rückwärtigen Gebäudebereichen) oder zur technischen Hilfeleistung (z.B. zur Einsatzstellen-Beleuchtung oder als Kran).

Als Hubrettungsfahrzeuge unterschieden werden Anhängeleitern (AL)
- Drehleiterfahrzeuge mit Arbeits- und Rettungskorb (DLK)
- Teleskop- und Gelenkmasten (TM, GM)
- Kombinationsfahrzeuge

Anhängeleitern (AL) sind – wie die Bezeichnung deutlich macht – Drehleitern meist kleinerer Feuerwehren, die auf einen Anhänger-Zweiachsfahrgestell gezogen werden. Anhängeleitern waren bisher vor allem dort im Einsatz, wo aus Kostengründen kein motorisiertes Drehleiterfahrzeug beschafft oder im Einsatzfall zeitnahe angefordert werden konnte. Sie werden heute eher selten eingesetzt.
Die einzige heute genormte Anhängeleiter ist die AL 16/4 (16 Meter Rettungs- und Arbeitshöhe bei vier Metern Ausladung).
Anhängeleitern können nicht mit einem Rettungs- und Arbeitskorb ausgerüstet werden.
Das bei den deutschen Feuerwehren hauptsächlich eingesetzte Hubrettungsfahrzeug ist die mit einem angehängten bzw. mitgeführten Rettungs- und Arbeitskorb ausgestattete **Drehleiter (DLK)**. Einsatzfahrzeuge dieser Art gibt es in der Regel auf zwei- bis dreiachsigen Fahrgestellen sowie mit Leitern von zwölf bis zu über 50 Metern Höhe.
Nach DIN sind derzeit die DLK 12-9, die DLK 18-12 und die DLK 23-12 genormt (neue Normbezeichnungen für Drehleiterfahrzeuge: Drehleitern mit kombinierten Bewegungen – Automatikdrehleitern/DLA).
Drehleiterfahrzeuge der Feuerwehren sind in der Regel für den Trupp (der Personen) konzipiert, verfügen in Einzelfällen aber auch über eine Staffelkabine (sechs Personen). Ihre Leiterparks können sowohl nach vorn (z.B. DLK 23-12), nach hinten (z.B. DLK 23-12 SE = Schnelleinstieg) oder auf einem Niederbau-Fahrgestell abgelegt werden (DLK 23-12 n.B. = niedere Bauart).
Moderne Drehleitern können mittlerweile mit einem zusätzlichen, an der Leiterspitze abknickbaren Leiterteil ausgerüstet werden, um die praktische Anwendung der ansonsten „starren" Leiter zu verbessern (z.B. zum Anleitern von Dachtraufen, von Balkonen oder gar von Dachgauben).

Neben einigen wenigen Anhängeleitern im Dienste der Feuerwehr stehen zudem noch kleinere Drehleitern unter 30 Meter Arbeits- und Rettungshöhe zum Einsatz bereit. So beispielsweise die DL 18 (16/4) der Freiwilligen Feuerwehr Ravensburg auf einem Iveco 75-16 Allradfahrgestell. Das Fahrzeug mit handbetriebener mechanischer Drehleiter wurde im April 1988 in Dienst gestellt.

Zu den Standard-Drehleiterfahrzeugen deutscher Feuerwehren gehören die DLK 23-12. Die Leiter erreicht eine Höhe von etwa 30 Metern. Sie ist zudem mit einem Arbeits- und Rettungskorb ausgerüstet (im Bild vorn an der Leiter). Die Zahlenkombination „23-12" bezeichnet die sogenannte „Nennrettungshöhe" (23 Meter: lotrechter Abstand der aufgestellten Leiterspitze zum Boden) sowie die „Nennausladung" (12 Meter: waagerechter Abstand zwischen Fahrzeug-Abstützung und Lot) – Maße, die für den sicheren Betrieb der Leiter im Einsatzfall von Bedeutung sind.

Zu den Besonderheiten deutscher Feuerwehr-Drehleitern gehört die DLK 23-12 SE der Feuerwehr Radolfzell auf Mercedes-Benz . Insgesamt wurden in Deutschland nur 14 Stück dieses Fahrzeugs zwischen 1980 und 1987 gebaut, dessen Leiterpark (Metz) nach hinten abgelegt wird. Die Leiter verfügt damit – im Gegensatz zu den anderen Feuerwehr-Drehleitern – über einen „Soforteinstieg" (SE), der bereits genutzt werden kann, ohne dass die Leiter aufgestellt werden muss.

Eine weitere Besonderheit bei den Drehleitern der Feuerwehr stellen Fahrzeuge auf Niederbau-Fahrgestellen (n.B.) dar. Sie wurden vor allem für Einsätze in Stadtbereichen mit niedrigen Zufahrten (Tore, Durchfahrten) konzipiert.

Moderne Drehleitern werden mit einem zusätzlichen, an der Leiterspitze abknickbaren Leiterteil ausgerüstet. Durch diese technische Funktion wird die Zugänglichkeit der ansonsten starren Leiter verbessert.

Eine Teleskopmastbühne (TM) verfügt anstatt über einen Leiterpark über einen hydraulisch ausfahrbaren Mast. An diesem Mast kann – wie auf dem Foto sichtbar – eine ebenfalls ausfahrbare Leiter als zweiter Rettungsweg angebracht sein.

Teleskopmaste (TM) und **Gelenkmaste (GM)** – auch „Teleskopmastbühne" (TMB) und „Gelenkmastbühne" (GMB) – verfügen statt eines mehrteiligen Leiterparks über teleskopartig bzw. mit Knickgelenken versehene Aufstiegselemente. Als sogenannter „zweiter Rettungsweg" können zusätzlich parallel angeordnete Aufstiegsleitern angebracht sein.

Beide Arten von Hubrettungsfahrzeuge können auf zwei- bis fünfachsigen Lkw-Fahrgestellen aufgebaut werden. Ihre Rettungs- und Arbeitshöhen betragen bis zu 55 Meter. Ihre Ursprünge haben diese Fahrzeuge vor allem in den skandinavischen und britischen Staaten („Bronto Skylift", „Simon Snorkel"). Genormt (DIN) sind in Deutschland derzeit der Teleskopmast TM 30 und eine Teleskopleiter 23/12.

Noch immer wird in den deutschen Feuerwehren über das „Für und Wider" von Drehleiter- und Gelenk- bzw. Teleskopmastfahrzeugen „heiß diskutiert". Vorteile gegenüber der Drehleiter finden sich anerkannter Weise im Platzbedarf zum Beispiel

Die Bezeichnung macht zugleich die Funktion deutlich: Die „Gelenkmastbühne" (GM; Hubrettungsbühne) verfügt über einen aufstellbaren Mast, der in abgeknickter Form auf dem Hubrettungsfahrzeug gelagert wird. Am Mast ist ein Arbeits- und Rettungskorb angebracht. Im Bild die Hubrettungsbühne „B 32" auf Mercedes-Benz 1629 „Atego" der Berufsfeuerwehr Hamburg. Der vollautomatische Mast verfügt über eine Rettungs- und Arbeitshöhe von 32 Metern.

Ein sogenanntes „Kombinationsfahrzeug" (Multifunktionsfahrzeug) stellt eine technische und taktisch nutzbare Verbindung von Lösch- und Hubrettungsfahrzeug dar – das heißt, ein Löschfahrzeug ist zusätzlich mit einer Drehleiter oder mit einem Teleskopmast ausgerüstet. Ein „Kombinationsfahrzeug" im fachlichen Sinne muss alle Haupteinsatzarten (Retten, Löschen, Bergen, Schützen) taktisch und technisch sinnvoll abdecken können. Eine solche Kombination war bisher in Deutschland unüblich, sie stammt aus den USA. Im Bild ein von Iveco-Magirus konzipiertes Fahrzeug dieser Art, das der Fachöffentlichkeit als „Multistar" vorgestellt wurde.

beim Ausfahren und Drehen (Teleskopmast) sowie beim unmittelbaren Erreichen komplizierter Einsatzbereiche (Gelenkmast).

Als **Kombinationsfahrzeuge** im Bereich der Hubrettungsfahrzeuge werden moderne Einsatzfahrzeuge bezeichnet, die auf Grund von Fortschritten in der Entwicklung der Fahrzeugtechnik (u.a. leichtere und stabilere Konstruktionen, leistungsfähigere Motoren) sowohl mit einer Drehleiter, einem Teleskopmast oder mit einem Gelenkmast als auch mit einem Löschwassertank, zusätzlichem feuerwehrtechnischem Gerät und/oder Gerät zur Technischen Hilfeleistung ausgerüstet sind.

Die Technik und die damit verbundene Taktik solcher Hubrettungs-Kombinationsfahrzeuge kommen vor allem aus den USA, wo die dort sogenannten „Quints" häufig zum Einsatz kommen. Sie entsprechen jedoch derzeit in der Regel (noch) nicht der in deutschen Feuerwehren üblichen Einsatztaktik.

In Deutschland werden Kombinationsfahrzeuge dieser Art von Feuerwehren zunehmend in die fahrzeugtechnischen Konzepte integriert, so dass künftig weitgehend nur noch diese modernen Einsatzfahrzeuge sowie gegebenenfalls Drehleitern für den Ersteinsatz verwendet werden. Zugleich wird damit der bisher standardisierte „Feuerwehr-Löschzug" mit TLF, LF und DLK zu Gunsten einer kombinierten Zwei- bis Drei-Fahrzeug-Technik abgelöst.

Darüber hinaus erforderliche feuerwehrtechnische Ausrüstung oder Material für größere Einsätze wird in Abrollbehältern (AB) verladen und im Bedarfsfall von Wechselladerfahrzeugen (WLF) zur Einsatzstelle gebracht.

Konzeptionelle Vorbilder für die Kombinations- beziehungsweise Multifunktionsfahrzeuge in Deutschland sind die sogenannten „Quints" in den USA: Hilfeleistungs-Löschfahrzeug in Kombination mit einer Drehleiter des Kern County Fire Department in Bakersfield/Kalifornien.

Rüst- und Gerätewagen der Feuerwehr

Während bei den deutschen Feuerwehren über viele Jahrzehnte hinweg die Brandbekämpfung an vorrangiger Stelle innerhalb des Aufgabengebietes stand, nehmen die Brandeinsätze derzeit zahlenmäßig zu Gunsten der Technischen Hilfeleistungen (TH) deutlich ab.

Nicht allein deshalb nimmt die Zahl und die Spezifizierung von Einsatzfahrzeugen zur technischen Hilfe sowie zur einsatztechnischen Unterstützung zu. Rüstwagen und Gerätewagen sind speziell für technische Hilfeleistungen sowie für den Transport des dazu erforderlichen Gerätes und Materials ausgerüstet. Alle Rüstwagen und zum Teil auch Gerätewagen verfügen über eine eingebaute Seilwinde, ein Stromaggregat und in Sonderfällen über einen Ladekran.

Neben den Rüst- und Gerätewagen stehen den Feuerwehren Kranfahrzeuge für die Technische Hilfeleistung zur Verfügung. Sie unterscheiden sich in ihrer Größe und Leistungsfähigkeit und reichen vom Rüst-/Gerätewagen-Kran bis hin zum schweren 40-Tonnen-Schwerkran.

Bei dieser Kategorie von Feuerwehr-Einsatzfahrzeugen handelt es sich um die beiden Bereiche

- Rüstwagen (VRW, RW 1, RW 2, RW 3, RW-Kran, RW mit Sonderausstattung)
- Gerätewagen (VGW, GW, GW mit Sonderausstattung).

Rüstwagen (RW 1, RW 2, RW 3) sind speziell für die Technischen Hilfeleistung konzipierte, konstruierte und technisch ausgestattete Feuerwehrfahrzeuge.

Sie verfügen über einen Allradantrieb, eine Seilwinde, einen Generator, einen Lichtmast sowie über eine umfangreiche Beladung technischer Geräte und Materialien.

Rüstwagen kommen hinsichtlich ihrer taktischen

Rüstwagen (RW) unterscheiden sich hinsichtlich ihrer Größe und ihrer feuerwehrtechnischen Ausstattung voneinander. Die Bilder zeigen einen RW 1 auf Iveco-Magirus 15 E 18 „EuroCargo" (Freiwillige Feuerwehr Gottmadingen), einen RW 2 auf MAN ME 280 B mit Brändle-Aufbau und absenkbarer Heckklappe (Freiwillige Feuerwehr Spaichingen) sowie einen älteren RW der Berufsfeuerwehr Hamburg. Rüstwagen der Größenordnung 3 sind heute nur noch selten verfügbar, da sie zu Gunsten von kleineren Fahrzeugeinheiten und/oder Hilfeleistungs-Löschfahrzeugen zunehmend ausgemustert werden.

Zweckbestimmung vor allem bei Verkehrsunfällen mit eingeklemmten Personen, bei Bergungseinsätzen von Fahrzeugen sowie zur technischen Unterstützung eines Brandeinsatzes zum Einsatz.
Die RW 1 bis RW 3 unterscheiden sich hinsichtlich ihrer Größe und ihrer feuerwehrtechnischen Ausstattung voneinander. Ihre Aufbaukonstruktion ist vor allem für eine Truppbesatzung von zwei bis drei Personen vorgesehen, der Aufbau einer Staffelkabine (sechs Personen) ist bei Rüstwagen eher selten. RW 1 und RW 2 sind in der Regel auf Zweiachs-Fahrgestellen aufgebaut, RW 3 können bis zu vierachsige Fahrgestelle aufweisen.
Zu den hinsichtlich ihrer Einsatzfunktion und ihrer technischen Ausstattung speziellen Rüstwagen zählen die sogenannten **„Vorausrüstwagen" (VRW)**, die „Rüstwagen mit Kran" (RW-Kran) sowie die für spezielle Einsätze ausgestatteten Rüstwagen (RW-Öl, RW-Gefahrgut, RW-Umweltschutz).
So werden „Vorausrüstwagen" (VRW) vor allem als schnelle und wendige Vorausfahrzeuge – hauptsächlich bei schweren Verkehrsunfällen – eingesetzt. Ihre taktische Effektivität ist fachlich umstritten. Als VRW werden meist geländegängige Fahrzeugtypen eingesetzt, etwa der Mercedes-Benz G, der Range Rover oder auch Transporter der Marke Volkswagen. Zur wichtigsten Ausrüstung eines VRW zählt das hydraulische Rettungsgerät mit Rettungsschere, Rettungsspreizer und Rettungszylinder.

Vorausrüstwagen" (VRW) sind schnelle und wendige Ersteinsatzfahrzeuge bei technischen Notfällen, hauptsächlich bei schweren Verkehrsunfällen. Ihre taktische Effektivität ist fachlich umstritten, da sie lediglich mit Gerät für den Ersteinsatz (vor allem mit hydraulischem Rettungsgerät) sowie für maximal drei Mann ausgestattet sind. Trotzdem leisten sie in der Praxis gute Dienste dort, wo ein schnelles Durchkommen (zum Beispiel bei Verkehrsstaus) sowie ein schnelles Eingreifen bis zum Eintreffen weiterer Fahrzeuge und Kräfte erforderlich ist.

Rüstwagen der Kategorie 2 (RW 2) und 3 (RW 3) können mit einem heckseitig angebrachten Ladekran (**„Rüstwagen-Kran"**) ausgerüstet sein. Kraneinrichtungen, die über Hubleistungen von bis zu sechs Tonnen verfügen, werden vor allem zum Bergen von verunfallten Fahrzeugen und schweren Teilen eingesetzt.
Moderne Rüstwagen verfügen zunehmend über eine heckseitige Ladebordwand, über die Geräte und Material auf Rollcontainer be- oder entladen werden kann.
Spezielle RW-Kran – zum Beispiel die den Ölwehren am Bodensee zugeordneten „RW-See" – werden auch zum Wassern von Mehrzweckbooten genutzt.
Zu den weiteren Spezialfahrzeugen im Bereich der Rüstwagen (RW; auch als „Gerätewagen"/GW in gleicher Funktion) zählen auch die **„Rüstwagen Öl" (RW-Öl)**, die **„Rüstwagen Gefahrgut" (RW-Gefahrgut)** oder die **„Rüstwagen Umweltschutz" (RW-Umweltschutz)**. Ihre Bezeichnung beschreibt zugleich ihre spezielle Verwendbarkeit im Einsatzfall.
Gerätewagen (GW) sind Feuerwehr-Einsatzfahrzeuge zur technischen Hilfeleistung beziehungsweise zur Ergänzung der durch andere Einsatzfahrzeuge vorgenommenen technischen Hilfeleistung. Sie verfügen im Gegensatz zu den Rüstwagen (RW) in der Regel nicht über fest ein- oder angebaute Stromerzeuger, Lichtmaste oder Seilwinden und werden damit vorrangig zur Zuführung technischen Gerätes und Materials an die Einsatzstelle eingesetzt.

Rüstwagen können zudem für spezielle Einsatzaufgaben ausgestattet sein, zum Beispiel für Ölschadensbekämpfung, für Gefahrgut- oder für Umweltschutzeinsätze (siehe auch: Gerätewagen). Die sogenannten „RW-Kran" sind mit heckseitig angebauten Krananlagen ausgestattet und können somit beispielsweise zum Bergen von Fahrzeugen oder zum Wassern von Booten eingesetzt werden. Im Bild ein RW-Kran (auch: RW-See) der Feuerwehr Radolfzell, der dem Ölwehrstützpunkt Bodensee zugeordnet wurde. Das Fahrzeug verfügt unter anderem über einen 2,5-Tonnen-Kran (Atlas), über einen Lichtmast sowie über einen Öl-Skimmer.

In Deutschland sind derzeit die „Gerätewagen Logistik" (GW-L1 und GW-L2) – inoffizielle Bezeichnungen auch „Gerätewagen-Nachschub" (GW-N) und „Gerätewagen-Transport" (GW-T) – sowie der „Gerätewagen Gefahrgut" (GW-G) durch die DIN-Norm erfasst.
Gerätewagen (GW) der Feuerwehr stellen sowohl Kasten- als auch Pritschenfahrzeuge kleiner, mittlerer und großer Bauweise dar. Ihre Funktion reicht vom reinen Transportfahrzeug (Lkw) bis hin zum mit speziellem Gerät und Material beladenem (z.B. GW-Gefahrgut) sowie mit besonderer Einrichtung versehenem Sonderfahrzeug (z.B. GW-Logistik). Gerätewagen können ferner mit Straßen- als auch

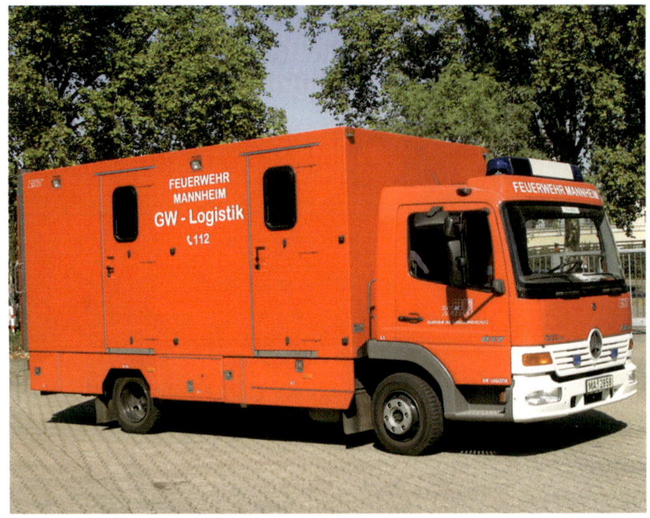

Gerätewagen (GW) dienen der Zuführung von bestimmten Geräten und Materialien zur Einsatzstelle. Sie können sowohl für bestimmte Aufgabenbereiche als auch für allgemeine Transportaufgaben vorgehalten werden. Ein modernes Fahrzeug dieser Art ist der GW-Logistik der Berufsfeuerwehr Mannheim, der zur Versorgung von Einsatzkräften mit frischer Einsatzkleidung, zum Waschen und Umkleiden von Personen an Einsatzstellen sowie zum Austausch gebrauchter Pressluftatmer, Schläuche und Kraftstoffe eingesetzt wird.

Gerätewagen können mit Gerät und Material für spezielle Aufgaben ausgerüstet sein – zum Beispiel für Gefahrgut- und Umweltschutzeinsätze. Ihre Bezeichnung ist dementsprechend – wie dieser „Gerätewagen-Gefahrgut" (GW-G) der Freiwilligen Feuerwehr Ramsbach-Baumbach.

Für allgemeine Transportaufgaben (z.B. zum Abtransport gebrauchter Schläuche nach einem Löscheinsatz) dient der „Gerätewagen-Transport“ (GW-T) der Feuerwehr Radolfzell. Auch Gerätewagen können – wie auch Rüstwagen – mit einem Ladekran ausgestattet sein. GW-T dienen auch als Zugfahrzeuge für Feuerwehr-Anhänger (im Bild ein Mehrzweckboot der Ölwehr auf Trailer).

Zu den Gerätewagen (GW) mit besonderer Funktion gehören beispielsweise die „GW-Wasserrettung“ oder die „GW-Höhenrettung“. Sie dienen den entsprechenden Spezialeinheiten der Feuerwehr als Mannschafts- und Gerätefahrzeug. Im Bild der GW-Wasserrettung der Feuerwehr Konstanz, der gemeinsam von der Feuerwehr und der Deutschen Lebensrettungs-Gesellschaft (DLRG) besetzt wird.

mit Allradantrieb ausgerüstet sein, zudem über Seilwinden, Lichtmaste oder Krane als Sonderausstattung verfügen (z.B. GW-T).
Hinsichtlich ihrer technischen und taktischen Funktion im Bereich der Technischen Hilfe sehr spezielle Feuerwehr-Einsatzfahrzeuge sind beispielsweise die „Gerätewagen Wasserrettung“ (GW-Wasser) oder die „Gerätewagen Höhenrettung“ (GW-H). Sie dienen den entsprechenden Spezialeinheiten der Feuerwehr als Mannschafts- und Gerätefahrzeug.

Rettungs- und Krankentransportfahrzeuge der Feuerwehr
Neben den kommerziellen Hilfs- und Rettungsorganisationen (u.a. Arbeiter Samariter Bund/ASB, Deutsches Rotes Kreuz/DRK, Johanniter Unfallhilfe/JUH, Malteser Hilfsdienst/MHD) sind auch manche Berufsfeuerwehren in den örtlichen Rettungs- und Krankentransportdienst integriert.
Die Beteiligung an diesen Aufgaben resultiert nicht selten aus der Geschichte der jeweiligen Feuerwehr. Darüber hinaus werden vor allem von Berufs- und Werkfeuerwehren Rettungs- und Krankentransportfahrzeuge für den Eigenbedarf vorgehalten.

Rettungs- und Krankentransportfahrzeuge der Feuerwehren gliedern sich in
- Rettungswagen (RTW)
- Notarztwagen (NAW)
- Notarzteinsatzfahrzeuge (NEF)
- Krankentransportfahrzeuge (KTW)
- Sonderfahrzeuge (IHT, ITW, I-KTW, GRTW, GKTW, First Responder)

Rettungswagen (RTW) sind notfallmedizinische Einsatzfahrzeuge des Rettungsdienstes. Es handelt sich dabei in der Regel um Kastenwagen mittlerer Größe und/oder um Transportfahrzeuge mittlerer Größe mit gesondertem Patientenaufbau. RTW

Einige Berufsfeuerwehren und wenige Freiwillige Feuerwehren in Deutschland sind in den medizinischen Rettungs- und Krankentransportdienst integriert. Dazu werden entsprechende Rettungs- und Sanitätsfahrzeuge vorgehalten. Im Bild ein moderner Rettungswagen (RTW) der Berufsfeuerwehr München auf Mercedes-Benz 413 CDI „Sprinter", der standardmäßig mit dem Löschzug ausrückt. In Fällen, in denen kein RTW einer Hilfsorganisationen oder eines privaten Rettungsdienstes verfügbar ist, rückt in München auch der Feuerwehr-RTW zu medizinischen Notfällen aus.

dienen zum Transport von Notfallpatienten von der Unfall-/Einsatzstelle zum Krankenhaus. Die Fahrzeuge sind üblicherweise mit zwei Rettungsassistenten besetzt, in Sonderfällen mit einer dritten Person (Rettungssanitäter oder Rettungshelfer).
Die technische Ausstattung von Rettungswagen (u.a. Trage, Tragestuhl, EKG-Gerät, Defibrillator, Absaugpumpe, Beatmungsgerät/Sauerstoff) entspricht den notfallmedizinischen Notwendigkeiten und Vorgaben für die Erstversorgung, den Transport, die erweiterte Behandlung während des Transports und die komplette medizinische Überwachung von jeweils einem Notfallpatienten.
Notarztwagen (NAW) sind Rettungswagen (RTW) mit ständiger Arztbesatzung (zwei Rettungsassistenten, 1 Notarzt). Ihre Ausstattung und technische Ausführung ist der des RTW im Wesentlichen identisch. Die notfallmedizinische Ausstattung kann durch spezielles Gerät und Material für den Notarzt erweitert sein.
Notarzteinsatzfahrzeuge (NEF) werden zur vom Rettungswagen (RTW) unabhängigen Zuführung eines Notarztes zum Einsatzort eingesetzt. Dabei handelt es sich um das sogenannte „Rendezvous-System", bei dem RTW und NEF eine Einsatzstelle unabhängig voneinander anfahren. Ein solches System bietet die Möglichkeit, den Notarzt individuell sowie von unterschiedlichen Örtlichkeiten aus einzusetzen beziehungsweise ihn bei Nichtverwendung unabhängig vom RTW einzusetzen.

Das Notarzteinsatzfahrzeug (NEF) ist Teil des sogenannten „Rendezvous-Systems" im öffentlichen Rettungsdienst, bei dem der Rettungswagen (RTW) mit zwei Rettungsassistenten und der Notarzt sowie ein Rettungsassistent mit dem NEF unabhängig voneinander ausrücken. Ein solches System stellt die mobile Unabhängigkeit des Notarztes im Falle weiterer Notfalleinsätze sicher. Im Bild ein NEF der Berufsfeuerwehr Stuttgart auf einem Mercedes-Benz-Geländewagen (G).

Notarzteinsatzfahrzeuge (NEF) sind in der Regel mit einer RTW-identischen Beladung ausgerüstet, verfügen jedoch nicht über eine Transportmöglichkeit für Patienten.

Krankentransportwagen (KTW) werden zum Transport von jeweils bis zu zwei liegenden und/oder sitzenden Nicht-Notfallpatienten eingesetzt (Einsatzstelle, Wohnort, Klinik). Ihre medizintechnische Ausstattung ist gegenüber der des Rettungswagens (RTW) reduziert.

Der „Deutschen Industrie Norm" (DIN) unterliegen die RTW, NAW und KTW (DIN 1789) sowie die NEF (DIN 75.079).

Sonderfahrzeuge des Rettungsdienstes der Feuerwehr können unter anderem für den Interhospitaltransfer (IHT), für den Transport von Intensivpatienten (ITW) oder von Infektionspatienten (I-KTW, I-RTW) eingesetzt werden. Zum Transport einer größeren Anzahl von Notfallpatienten oder Nicht-Notfallpatienten stehen den Berufsfeuerwehren zusätzlich auch „Großraum-Rettungswagen" (GRTW) und „Großraum-Krankentransportwagen" (GKTW) zur Verfügung.

Weitere Sonderfahrzeuge dienen Spezialtransporten, etwa den von schwergewichtigen Patienten oder von Krankenbetten samt Patient. Mobile Behandlungsstellen und Ausrüstungen für den Sanitäts- und Rettungsdienst der Feuerwehr können auch auf Abrollbehältern/-containern (AB) für Wechselladerfahrzeuge basieren (z.B. MANV-Systeme).

Wie im öffentlichen Rettungsdienst beziehungsweise bei den Rettungsorganisationen (u.a. DRK, MHD, ASB, JUH) gibt es auch bei der Feuerwehr Sonderfahrzeuge des Rettungsdienstes. Dazu gehören beispielsweise Großrettungswagen (GRTW) für den Einsatz bei einem sogenannten „Massenanfall von Verletzten" (MANV) oder bei Großschadensfällen, in den zahlreiche Patienten vorübergehend (medizinisch) versorgt und/oder untergebracht werden müssen (z.B. bei Evakuierungen). In der Regel verfügen nur Berufsfeuerwehren über GRTW – so beispielsweise die Berufsfeuerwehr Hamburg. Der Mercedes-Benz O 305 (Baujahr 1982, Aufbau Falkenried) bot Platz für insgesamt zwölf liegende Patienten. Heckseitig ist es mit einer hydraulischen Hubbühne ausgerüstet. Das Fahrzeug wurde im Jahre 2003 durch eine Neubeschaffung ersetzt.

Mobile Behandlungsstellen und Ausrüstungen für den Sanitäts- und Rettungsdienst der Feuerwehr können auch auf Abrollbehältern/-containern (AB) für Wechselladerfahrzeuge (WLF) verlastetet werden. Sie sind somit mit bereits vorhandenen WLF für andere Aufgabenbereiche kompatibel. Anlässlich der Fußballweltmeisterschaft 2007 beschaffte unter anderem die Berufsfeuerwehr Ludwigshafen einen „AB-MANV" (MANV: Massenanfall von Verletzten).

Krankentransportwagen (KTW) dienen zum Transport von Nicht-Notfallpatienten. Gegenüber dem Rettungswagen (RTW) verfügen sie über eine dementsprechend reduzierte notfallmedizinische Ausstattung.

Bei den Feuerwehren stehen zahlreiche „sonstige" Einsatzfahrzeuge bereit, von denen nachstehend nur einige wenige aufgezählt und beschrieben werden sollen. Zu den „sonstigen" Fahrzeugen zählen beispielsweise die Feuerlöschboote, die auf zahlreichen Seen und Flüssen in Deutschland stationiert sind. Im Bild das Feuerlöschboot (FLB) der Freiwilligen Feuerwehr Friedrichshafen, das auf dem östlichen Teil des Bodensees zum Einsatz kommt.

„First Responder" sind notfallmedizinisch ausgebildete Feuerwehrkräfte, die – unabhängig vom regulären Rettungsdienst – insbesondere in ländlichen Regionen und bei einer reduzierten Abdeckung durch Rettungsdienst-Einsatzfahrzeuge für schnelle Vorauseinsätze zur Verfügung stehen. Im Bild ein First-Responder-Team der Freiwilligen Feuerwehr Oberschleißheim/Bayern mit seiner notfallmedizinischen Erstausrüstung.

Eine Besonderheit im Feuerwehr- und Rettungsdienst stellen die „First Responder" dar. Es handelt sich dabei um notfallmedizinisch ausgebildete Feuerwehrkräfte, die – unabhängig vom regulären Rettungsdienst – insbesondere in ländlichen Regionen und bei einer reduzierten Abdeckung durch Rettungsdienst-Einsatzfahrzeuge für schnelle Vorauseinsätze zur Verfügung stehen. Solche Einheiten sind mit speziellen „First-Responder-Fahrzeugen" ausgerüstet. Sie führen eine erweiterte Erste-Hilfe-Ausrüstung beziehungsweise eine notfallmedizinische Erstausrüstung mit (u.a. Notfallkoffer, Defibrillator, Beatmungsgerät, EAD, EKG).

Sonstige Einsatzfahrzeuge der Feuerwehr

Die immer wieder getroffene Aussage „Bei der Feuerwehr gibt es nichts was es nicht gibt!" hat sicher irgendwo ihre Berechtigung. Die Palette der Feuerwehr-Einsatzfahrzeuge in Deutschland ist ausgesprochen breit und rangiert mit an vorderer Stelle im Vergleich zu anderen europäischen Staaten. Die Fahrzeugauswahl reicht beispielsweise vom Feuerwehr-Dienstfahrrad und vom Feuerwehrkrad/-Quad über die Standard-Lösch- und Rettungsfahrzeuge bis hin zu kettengetriebenen Einsatzfahrzeugen (z.B. LUF, Löschpanzer), Wasserfahrzeugen (Feuerlöschboote, Rettungsboote, Mehrzweckboote, Spe-

zialschiffe) und Luftfahrzeugen (Überwachungsflugzeuge, Rettungshubschrauber mit Feuerwehrbesatzung).
Es würde an dieser Stelle zu weit führen, alle Besonderheiten zu benennen und aufzuführen. Deshalb nachstehend noch einige Beispiele von „sonstigen Einsatzfahrzeugen der Feuerwehr", die im täglichen Einsatz in Deutschland üblich sind.

- Mannschaftstransportwagen (MTW) in kleiner, mittlerer und großen Größenordnung (auch Mannschaftsbusse),
- Schlauchwagen (SW 1000, SW 1500, SW 2000),
- Wechselladerfahrzeuge (WLF; zwei- bis vierachsig) mit den dafür eingesetzten Abrollbehältern (AB; auch Abbrollcontainer) für unterschiedlichste Aufgaben (u.a. AB-Tank, AB-Sonderlöschmittel, AB-Atemschutz/Umweltschutz, AB-Rüst) und mit unterschiedlichen Ladesystemen (Absetzbehältersystem, Abrollkipper „MultiLift", Wechselbrücken-System),
- Sonder- und Spezialfahrzeuge wie Großlüfter, Mobile Großventilatoren und Löschunterstützungsfahrzeuge (MGV, LUF), Turbinenlöschfahrzeuge (Turbo-Löscher), Lösch- und Rüstfahrzeuge für den Zwei-Wege-Betrieb (Straße/Schiene), Tunnellöschfahrzeuge, mobile Arbeitsmaschinen (z.B. Radlader, Kehrmaschinen, Gabelstapler, Schneeräumgeräte),
- Flughafenlöschfahrzeuge (FLF) und Spezialfahrzeuge der Flughafenfeuerwehren (z.B. fahrbare Rettungstreppen, mobile Bergungssysteme, Beschäumungsfahrzeuge),
- Feuerwehrfahrzeuge des Katastrophenschutzes (z.B. LF 16-TS, SW 2000, DMF, GW-L),
- Feuerwehrfahrzeuge des Militärs (Bundeswehr, ausländisches Militär USA, Frankreich, Großbritannien).

Mannschaftsfahrzeuge (MTW) dienen zum Transport von Einsatzkräften beziehungsweise zum Transport von Personal der Feuerwehr zu dienstlichen Veranstaltungen. MTW stehen in unterschiedlichen Größen zur Verfügung, üblich sind dabei die Kleintransporter mit bis zu neun Sitzplätzen. Aber auch Fahrzeuge in Reisebus-Größe – wie dieser Setra der Berufsfeuerwehr Ulm – werden bei Freiwilligen- und Berufsfeuerwehren vorgehalten.

Wechselladerfahrzeuge (WLF) dienen dem Transport von sogenannten „Abrollbehältern" (AB) mit unterschiedlichen Aufbauten, Ausrüstungen und Beladungen. Abrollbehälter (auch: Absetzbehälter oder Absetzcontainer) können an den jeweiligen Einsatzstellen abgesetzt werden, während das Wechselladerfahrzeug (WLF) für andere Aufgaben frei ist. Abgesetzt beziehungsweise aufgenommen werden Abrollbehälter durch ein hydraulisches (Haken-) System, das von verschiedenen Herstellern angeboten wird. Die Bilder zeigen ein WLF der Werkfeuerwehr „Alu-Singen" sowie das WLF der Berufsfeuerwehr Mannheim in Funktion mit dem „AB-Teleskoplader".

Der „AB-Schlauch/Sonderlöschmittel" der Feuerwehr Radolfzell ist mit umfangreicher feuerwehrtechnischer Beladung (schwerpunktmäßig gemäß Bezeichnung: Schlauchmaterial, Armaturen, mobile Tragkraftspritze, mobiler Pulver-Löschcontainer) ausgestattet. Je nach Ausrüstung können Abrollbehälter ein komplettes Rüst- oder Gerätefahrzeug ersetzen.

Speziell für größere Brandeinsätze sowie für den Einsatz im Zusammenhang mit Umweltgefahren ist dieser „AB-Atemschutz/Umweltschutz" der Feuerwehr Radolfzell ausgestattet.

Zu den größten Sonderfahrzeugen der Feuerwehr gehören Feuerwehr-Krane (Feuerwehr-Kranwagen/KW). Der KW der Berufsfeuerwehr Mannheim verfügt mit seinem fünffachen Teleskoparm mit 42 Metern Länge über eine Hubkraft von 38,5 Tonnen. Er kommt bei Rettungseinsätze nach Verkehrsunfällen mit land- und schienengebundenen Fahrzeugen zum Einsatz, zur Menschenrettung nach Gebäudeeinstürzen oder Explosionen, zu Rettungseinsätze bei Hoch- und oder Tiefbauunfällen, zur Rettung aus Höhen und Tiefen, zur Unterstützung des Rettungsdienstes sowie zum Schleppen und Ziehen von Fahrzeugen und Lasten, zum Sichern von Bauteilen oder Gegenständen und für den Monitor-Betrieb.

Ein eher außergewöhnliches Feuerwehrfahrzeug ist dieser „Mobile Großventilator" (MGV) der Berufsfeuerwehr Heidelberg. Er dient zum Be- und Entlüften beispielsweise von nach Bränden verrauchten Einrichtungen (z.B. Tunnel, Tiefgaragen). Der Lüfter (MGV 60, Tempest Technology) verfügt über eine Luftleistung von ca. 210.000 m³/Std..

„Zwei-Wege-Fahrzeuge" sind für den Lösch- und Hilfeleistungseinsatz beispielsweise in Eisenbahntunnel vorgesehen. Ein absenkbares Schienenfahrgestell (Loctrac ZW 202 S) schafft dem Fahrzeug die Möglichkeit, auf Bahngeleisen zu operieren. Im Bild eines der insgesamt 14 Hilfeleistungslöschfahrzeuge-Schiene (HLF 24/14-S, Berufsfeuerwehr Heidelberg), die seit 1999 den deutschen Feuerwehren von der Deutschen Bahn AG zur Verfügung gestellt wurden.

Flughafenlöschfahrzeuge (FLF) dienen zur Aufrechterhaltung des Brandschutzes auf Flughäfen. Internationale Vorschriften (ICAO) schreiben die Anzahl, die Größe und die Löschleistung solcher Fahrzeuge entsprechend der Flughafen-Kategorie vor. Das FLF der Feuerwehr des Flughafens „Franz-Josef-Strauß" in München vom Typ „Panther 8x8 AT" ist ausgerüstet unter anderem mit einem 12.500-Liter-Löschwassertank, mit zwei 750-Liter-Schaummitteltanks sowie mit einer 1.000-kg-Pulverlöschanlage. Der Dachmonitor kann bis zu 6.000 Liter Wasser/Schaum in der Minute bis zu 80 Meter weit ausstoßen.

Spezielle Bergungssysteme werden für entsprechende Einsätze auf Flughäfen bei Fahrwerksschäden oder nach Flugzeughavarien vorgehalten. Das „Schwere Bergesystem" („Aircraft Recovery Transport System"/ARTS) mit umfangreicher Fahrzeug- und Geräteausstattung (u.a. Spezial-Tieflade- und Transportanhänger/Goldhofer, Zugfahrzeuge, hydraulische Hebekissen, Schleppvorrichtungen, Arbeitsgeräte) wird von der Flughafenfeuerwehr Frankfurt/Main für Einsätze in ganz Deutschland genutzt.

Spezielle Lösch- und Transportfahrzeuge werden bei den Feuerwehren auch im Rahmen des Katastrophenschutzes (KatS) vorgehalten. Eines der modernen KatS-Fahrzeuge ist dieser Gerätewagen-Logistik (GW-L) der Feuerwehr Reutlingen, der für unterschiedlichste Transportaufgaben sowie zur Ausstattung mit unterschiedlichen Modulen zur Verfügung steht.

Auf Flughäfen werden bei Notfällen auch besondere Spezialgeräte, Einrichtungen und Einsatzfahrzeuge benötigt – so beispielsweise sogenannte „Rettungstreppen". Ein solches Fahrzeug der Flughafenfeuerwehr Stuttgart wird auch zur Übernahme von Flugzeugpassagieren eingesetzt, die eine Maschine nicht über die Treppen oder Flugsteige verlassen können (z.B. verletzte oder erkrankte Personen, Rollstuhlfahrer).

Feuerwehrtechnische Geräte

Eigentlich ist es selbstverständlich – ohne eine feuerwehrtechnische Ausstattung kann eine Feuerwehr nicht tätig werden! Das bedeutet, dass Feuerwehren neben ihrer fahrzeugtechnischen Ausrüstung (siehe vorstehende Kapitel) eine umfangreiche und für den jeweiligen Einsatzzweck geeignete Geräte- und Materialausstattung benötigt. Und in der Praxis gibt es bei der Feuerwehr eigentlich kaum ein Werkzeug oder Gerät, was auf den Einsatzfahrzeugen oder in den Feuerwehr-Gerätehäusern nicht vorhanden ist.
Waren es früher hölzerne Kübel oder Ledereimer, die den ersten Löschkräften als „Löschgeräte" zur Verfügung standen, so verfügen die Feuerwehren heute über sehr differenziertes Gerät für jede Art von Einsatz. Es reicht beispielsweise vom ganz normalen Handwerkskoffer mit Säge, Zange oder Schraubenzieher über Spezialwerkzeug von Öffnen verschlossener Türen bis hin zu speziellen hydraulischen Rettungs- und Bergungsgeräte wie Spreizer, Schneidgerät und Rettungszylinder.
Es wäre an dieser Stelle schon aus Platzgründen nahezu unmöglich, all' das technische Gerät aufzulisten, das den Feuerwehren für ihre Arbeit zur Verfügung steht. Wohl aber lässt sich das auch den „Feuerwehr-Laien" bekannte Gerät den einzelnen Aufgabenbereichen beispielhaft zuordnen. Damit wird deutlich, dass Feuerwehren neben dem allgemeinen Handwerkszeug über spezielles Gerät verfügen und verfügen müssen, um im Notfall adäquate lösch- oder bergetechnische Hilfe bieten zu können.
Zuvor noch ein kurzer Blick in die Feuerlösch-Geschichte (siehe auch Kapitel 1: „Die Ursprünge des Brandschutzes"). Danach wird wohl kaum jemand mehr mit Sicherheit feststellen können, wie die ersten Löschgeräte der Feuerwehr ausgesehen haben und wer sie ursprünglich erfunden hat. Aber Feuerlöschgeräte oder „Löschmaschinen" gab es schon

Waren es früher hölzerne Kübel oder Ledereimer, die den ersten Löschkräften als „Löschgeräte" zur Verfügung standen, so verfügen die Feuerwehren heute über sehr umfangreiches Gerät für nahezu jede Art von Einsatz. Insbesondere die Feuerwehr-Einsatzfahrzeuge sind mit unterschiedlichstem Gerät und Material für Brandeinsätze und zur Technischen Hilfeleistung ausgerüstet.

Löschfahrzeuge aller Art verfügen über fest eingebaute und/oder mobile Feuerlöschpumpen und Spritzen. Im Bild das Tragkraftspritzenfahrzeug-Wasser (TSF-W; Kleintanklöschfahrzeug) der Feuerwehr Radolfzell, dessen Besatzung die mitgeführte mobile Tragkraftspritze (TS 8/8) einsatzbereit macht.

vor unserer Zeitrechnung, und sie haben auch damals ihre Aufgabe – mehr oder weniger – gut erfüllt. Auf den Brandschutz bezogen – und das war damals zunächst die einzige Aufgabe der Feuerwehren – zählten die Feuerspritze (Feuerlöschpumpe), der Feuerwehrwehrschlauch und die Feuerwehrleitern ganz sicher zu den ersten Löschgeräten. Und genau diese Geräte gelten auch im heutigen modernen Brandschutzwesen noch als vorrangig und unverzichtbar – technisch den modernen Erkenntnissen der Neuzeit angepasst und modifiziert, unter Einbeziehung moderner Materialien entwickelt und produziert und letztendlich für jede(n) Feuerwehrmann/-frau die grundlegendsten Geräte, die es im Einsatz zu beherrschen gibt.

So sind im Bereich des abwehrenden Brandschutzes beziehungsweise für Löscheinsätze beispielsweise folgende Geräte von besonderer technischer und taktischer Bedeutung:

- Feuerlöschpumpen (fest ein- oder angebaute Fahrzeugpumpen
- mobile Tragkraftspritzen, Normal- und Hochdruckpumpen, Zumischanlagen);
- Feuerwehrleitern (Fahrzeug-Drehleitern, Steckleitern, Schiebeleitern, Klappleitern, Hakenleitern, Multifunktions-Leitern);
- Feuerlöschschläuche (Druckschläuche in den Größen A, B, C und D zum Löschen, Saugschläuche in unterschiedlichen Größen zum Entnehmen von Löschwasser aus Hydranten und/oder öffentlichen Gewässern);
- Löscharmaturen (zum Beispiel Schlauchkupplungen zum Verbinden mehrerer Schlauchlängen, Löschwasser-Verteiler, Löschwasser-/Schaumzumischer, Strahlrohre zur differenzierten Abgabe von Löschwasser, Schaum oder Pulver);
- Einreißhaken;
- Sprungtuch oder Sprungpolster für die Menschenrettung aus Höhen.

Neben Klappleitern, Hakenleitern oder Multifunktions-Leitern dienen dreiteilige, 14 Meter lange Schiebeleitern den Einsatzkräften zum Erreichen größerer Höhen. Die Leiter wird durch doppelte Seilzüge ausgezogen und durch Führungsbügel sowie durch Fallhaken zusammengehalten und gesichert. Beim Auf- und Absteigen wird die Leiter zusätzlich durch Stützen gesichert.

Speziell zur Befreiung von Personen aus Unfallfahrzeugen setzt die Feuerwehr spezielles hydraulisches Rettungs- und Bergegerät ein, in der Regel bestehend aus dem Schneidgerät (Rettungsschere; im Bild), dem Rettungsspreizer und diversen Sondergeräten (z.B. Hydraulikstempel). Die Geräte werden über fahrzeugeigene Stromerzeuger betrieben (z.B. in VRW, RW, HLF).

Auf den Einsatzfahrzeugen der Feuerwehr verlastet sind auch „normale" Arbeitsgeräte wie Spaten, Schaufeln, Hacken oder Kleinwerkzeuge.

Löscharmaturen dienen zur gezielten Verteilung von Löschwasser von der Wasserentnahmestelle zur unmittelbaren Einsatzstelle: zum Beispiel Löschwasser-Verteiler (im Bild, hier mit zwischengeschaltetem Überdruckventil), Übergangs- und Kupplungsstücke und Strahlrohre.

Trennschleifer (auch: Winkelschleifer, „Flex") werden im Bereich der Einsatzstelle für Rettungs- und Bergeaufgaben eingesetzt. Sie ermöglichen vor allem das Durchtrennen von Metallteilen, aber auch von Stein und anderen Werkstoffen.

Im Bereich der Technischen Hilfeleistung (TH/THL) beziehungsweise für Rettungs- und Bergeeinsätze sind beispielsweise folgende Geräte von besonderer technischer und taktischer Bedeutung:

- Hydraulisches Rettungs- und Bergungsgerät (zum Beispiel Schneidgerät/Rettungsschere zum Durchtrennen von Metallen oder anderen Hartmaterialien, Spreizer zum Auseinanderdrücken von Metallen/Materialien, Zylinder zum Wegdrücken von Metallteilen, Pedalschere, Glasschneider, Hebekissen zum hydraulischen Anheben von Lasten);
- Arbeitsgeräte (zum Beispiel Motor-Kettensägen, Bolzenschneider, Brechwerkzeuge, Ketten, Hebezüge, Seilzüge);
- Beleuchtungsgeräte (zum Beispiel Arbeitsscheinwerfer, Suchscheinwerfer, Lichtmaste, Sicherungsleuchten);
- Erdungsgeräte (zum Beispiel Erdungsstangen, explosionsgeschützte Werkzeuge und Arbeitsgeräte);
- Trenngeräte (zum Beispiel Brennschneidgerät, Trennschleifer, Metall- und Drahtscheren);
- Stromerzeuger zur unabhängigen Stromerzeugung an Einsatzstellen beziehungsweise zum Betrieb von elektrischen Geräten;
- Transportgeräte zur Rettung/Bergung (zum Beispiel Schleiftragen, Rettungskorb, Krankentragen, Korbtrage für Drehleitern, Bergetuch).

Zu den Spezialgeräten zum Transport von Personen aus größeren Höhen gehört die Korbtrage für den Drehleitereinsatz. Dabei wird eine Krankentrage auf dem Arbeits- und Rettungskorb einer Drehleiter befestigt. In Höhen (z.B. von Balkonen, Dächern, aus Fenstern) können so verletzte und/oder erkrankte Personen aufgenommen und zum Erdboden gefahren werden.

In speziellen Einsatzbereichen, zum Beispiel im Bereich von Gefahrgut- und Umweltschutzeinsätze, müssen Einsatzkräfte Schutzbekleidungen tragen. Dazu gehören – neben der regulären Einsatzbekleidung – unter anderem Chemikalien-Schutzanzüge, Hitzevollschutz-Anzüge, Kontaminations-Schutzanzüge, Schnittschutz-Bekleidung (z.B. beim Umgang mit der Motorsäge) oder Imkeranzüge.

Zur feuerwehrtechnischen Ausrüstung für Öleinsätze gehören sogenannte „Ölsperren", die ein Abdichten mit Schadstoffen kontaminierter Oberflächenbereiche auf Seen und Flüssen ermöglichen. Das Bild zeigt ein Auslegen einer sogenannten, am Bodensee verwendeten „Rhin-Rhone-Sperre" von den Großhaspeln eines Ölsperren-Anhängers der Feuerwehr Radolfzell.

Im spezielle Einsatzbereiche, zum Beispiel im Bereich von Gefahrgut- und Umweltschutzeinsätze, sind beispielsweise folgende Geräte von besonderer technischer und taktischer Bedeutung:

- Schutzbekleidung (zum Beispiel Chemikalien-Schutzanzug, Vollschutzbekleidung);
- Auffangbehälter für umweltgefährdende Stoffe (zum Beispiel Aluminiumbehälter, Kunststoffwannen, mobile Auffangbehälter)
- Messgeräte (zum Beispiel Gasspürgerät, Gas- und Dampf-Warngerät);
- Abdichtgeräte (zum Beispiel Leck-Dichtkissen, Bandagen, Tankverschlüsse);
- Ausrüstung für Öleinsätze (zum Beispiel Ölbindemittel, Ölsperren, Saug-Vlies) ;
- Spezialpumpen (zum Beispiel explosionsgeschützte Schlauchpumpen, Schmutzwasserpumpen, Wasserstrahlpumpen, Tauchpumpen, Universalsauger).

Im Bereich der Feuerwehrhäuser (siehe auch Folgeabschnitt) sind beispielsweise folgende Einrichtungen und Geräte vorrätig:

- Atemschutzwerkstatt zur Wartung, Pflege und Reparatur von Atemschutzgeräten;
- Fahrzeug- und Gerätewerkstatt zur Wartung, Pflege und Reparatur von Feuerwehr-Einsatzfahrzeugen und feuerwehrtechnischen Geräten;
- Funkwerkstatt zur Wartung und Reparatur von Hand- und Fahrzeug-Sprechfunkgeräten;
- Wasch-, Pflege- und Aufwickelanlage für Schläuche;
- Stiefelwaschgeräte zur Reinigung von Einsatzstiefeln;
- Umkleideräume mit Kleiderspinde. Hier ziehen sich Feuerwehrangehörige vor und nach dem Einsatz um. Die Einsatzbekleidung (siehe auch Folgeabschnitt) verbleibt in der Regel im Feuerwehrhaus.

Links: Spür- und Messgeräte gehören ebenfalls zur technischen Ausstattung der Feuerwehr. So beispielsweise Gasspürgeräte zur Feststellung von giftigen und/oder brennbaren Gasen und Gaskonzentrationen in der Umgebungsluft. Bei Vorhandensein von gasförmigen Schadstoffen warnen diese Geräte durch akustische und optische Signale. Die auf einem Display angezeigten Werte informieren über den jeweiligen Gefährdungsgrad.

- Lagerräume zur Aufbewahrung und Vorratshaltung zum Beispiel von Schlauchmaterial, Feuerlöschern, Ölbindemittel oder Schutzbekleidung;
- Aufenthalts- und Sozialräume;
- Büro- und Verwaltungsräume;
- Lehr- und Ausbildungsräume.

Darüber hinaus gibt es selbstverständlich zahllose weitere Geräte und Materialien, die generell auf den Fahrzeugen der Feuerwehr mitgeführt werden, zum Beispiel:

- Atemschutzgeräte, die auf den Lösch- und Rüstfahrzeugen vorgehalten werden und die zum abhängigem Atmen bei kontaminierter Umluft dienen (zum Beispiel im Brandrauch);
- Warn- und Absperrgeräte (zum Beispiel Warnschilder, Handlautsprecher, Verkehrswarn-Kellen, Leitkegel, Absperrband, Sicherungs- und Warnblinkleuchten);
- Warnbekleidung (zum Beispiel Funktionswesten);
- Suchscheinwerfer (zum Beispiel Taschenlampen, Handscheinwerfer, Fernscheinwerfer, Helm-Beleuchtung);
- Informations- und Kartenmaterial (zum Beispiel Stadtpläne, Hydrantenpläne, Gebäude-Informationspläne, Produktions-Informationen, Pläne von Automatischen Brandmeldeanlagen).

Zur wesentlichen persönlichen Ausstattung eines Feuerwehrangehörigen (Atemschutzgeräteträger/AGT) im Rahmen von Einsätzen in gesundheitsschädlicher Umgebung (z.B. bei Verrauchung) gehört das Atemschutzgerät. Je nach Schadstoffart und -konzentration kann ein solches Gerät mit verschiedenen Filtern ausgestattet werden. Ein Atemschutzgerät besteht im Wesentlichen aus einer Gesichtsmaske mit einem Schutzfilter, einem auf dem Rücken zu tragenden Sauerstoffgerät mit ein oder zwei Pressluftflaschen, der Tragehalterung, dem Kontrollgerät (Manometer) und einer „Totmanneinrichtung" (eine Art Bewegungsmelder zum Schutz des AGT).

Feuerwehrhäuser, Gerätehäuser

Die Feuerwehren – unabhängig ob in Großstädten, Gemeinden oder Dörfern – haben generell eine „Zentrale“, das heißt ein Gebäude, in dem die Einsatzfahrzeuge und feuerwehrtechnischen Geräte untergebracht sind, in dem sich Einsatzkräfte umziehen und ausrüsten können und von der aus ein Feuerwehreinsatz ausgeht. In vielen Gebäuden der Feuerwehr – je nach Größe und Funktion – stehen auch Aufenthalts-, Schlaf- und Sozialräume (Küche, WC, Duschen, Waschraum) zur Verfügung. In größeren Feuerwehrhäusern befinden sich zudem Funkzentralen oder Leitstellen.

Die üblichen Bezeichnungen von Gebäuden der Feuerwehr reichen vom „Feuerwehrgerätehaus“ (traditionelle Standardbezeichnung; kleines Gebäude zur Unterbringung von Fahrzeug(en) und Gerät) über das „Feuerwehrhaus“ (modernere Bezeichnung; nicht ständig besetztes Gebäude der

Unter „Feuerwehrgerätehaus" versteht man von Anbeginn des organisierten Feuerwehrwesens in Deutschland an ein Gebäude der Feuerwehr zur Unterbringung feuerwehrtechnischer Geräte und Einsatzfahrzeuge. Der Begriff hat sich bis heute für kleinere Gebäude erhalten, wird aber bei größeren Einrichtungen, die – neben der Unterbringung von Fahrzeugen und Gerät – zudem mit Verwaltungs-, Sozial- und Veranstaltungsräumen ausgestattet sind, durch den Begriff „Feuerwehrhaus" ersetzt.

Feuerwehr) bis zur „Feuerwache" (ständig besetztes Feuerwehrhaus; Wache der Berufsfeuerwehr).
Planung und Bau von Feuerwehrhäusern unterliegen zahlreichen baurechtlichen Bestimmungen. Hier kommen unter anderem die Landesbauordnung (LBO), die Garagenverordnung (GaVO), die Arbeitsstättenverordnung (ArbStättV) sowie weitere Gesetze und Verordnungen zur Anwendung.
Darüber hinaus werden beim Bau von Feuerwehrhäusern von den Trägern der Feuerwehren (Kommunen) in besonderer Weise auch die Unfallverhütungs- und Sicherheitsvorschriften (UVV) beachtet. Der § 4 UVV lautet demnach: „Bauliche Anlagen müssen so eingerichtet und beschaffen sein, dass Gefährdungen von Feuerwehrangehörigen vermieden und Feuerwehreinrichtungen sicher untergebracht sowie bewegt oder entnommen werden können".
Auf Grund dieser rechtlichen Voraussetzungen werden auch die Planung und die Realisierung von

Die Größen von „Feuerwehrhäusern" beziehungsweise „Feuerwehrgerätehäusern" in Deutschland sind sehr unterschiedlich. Sie reichen vom einfachen „Geräteschuppen" älterer Bauart einer kleinen Dorffeuerwehr (eventuell nur ausgestattet mit einem Tragkraftspritzenanhänger) über das geräumige Gebäude mit Garagentrakt und umfangreichen Räumlichkeiten aller Art bis hin zu großen Verwaltungs- und Funktionskomplexen der Berufsfeuerwehren.

Feuerwehrhäusern sehr viel komplexer als die anderer Gebäude. Besonderer Wert wird von den Genehmigungsbehörden auf einen sicheren Funktionsablauf außerhalb und innerhalb eines Feuerwehrhauses gelegt. Im Vordergrund steht dabei der Einsatzfall, bei dem jede Minute zählt und bei dem trotz höchster Eile eventuelle Gefährdungen der zum Einsatz an- und abrückenden Feuerwehrangehörigen generell vermieden werden sollen.

Die Größe und Ausstattung eines Feuerwehrhauses ist sowohl von der Art (zum Beispiel Feuerwehrabteilung, Stützpunktfeuerwehr, Berufsfeuerwache), der taktischen Funktion (zum Beispiel zusätzliche Ölwehr, Gefahrguteinheit, Funkzentrale, zentrale

Einen solchen „großen Verwaltungs- und Funktionskomplex" stellt die Hauptfeuerwache der Berufsfeuerwehr Rostock dar. Hier befinden sich Verwaltungsgebäude (im Bild rechts), Garagen für die Einsatzfahrzeuge (vorn), Unterkunfts-, Sozial- und Ausbildungsräume (links) sowie Werkstatt- und Unterhaltsräume in einer Gesamtanlage.

Unterbringung von Sonderfahrzeugen) als auch von der personellen Größe der Feuerwehr (Anzahl der Aktiven, Jugendfeuerwehr, Altersabteilung, Schulungszentrum) abhängig.

Detailliert sind in den Planungsgrundlagen (DIN) für den Bau von Feuerwehrhäusern die Größe, Einrichtung und Ausstattung von Räumlichkeiten vorgegeben, so beispielsweise von Fahrzeughallen und Fahrzeugstellplätzen (Garagen für Einsatzfahrzeuge), Umkleide-, Wasch- und Toilettenräume (getrennt für männliche und weibliche Feuerwehrangehörige), Stellplätze für Privatfahrzeuge der Einsatzkräfte, Verkehrsraum im und um das Feuerwehrhaus. Für den Außenstehenden erscheinen damit Feuerwehrhäuser in den einzelnen Städten und Gemeinden sehr unterschiedlich. Die „optische" Spanne reicht hier vom „Geräteschuppen" älterer Bauart für ein kleines Einsatzfahrzeug über die moderne geräumige Unterkunft einer Freiwilligen Feuerwehr mit zehn oder fünfzehn Einsatzfahrzeugen bis hin zum umfangreichen Gebäudekomplex einer Berufsfeuerwehr mit riesigen Garagentrakten.

Persönliche Ausstattung der Feuerwehrangehörigen

„Menschen die durch's Feuer gehen!" – nun, so ganz im Sinne der amerikanischen „Helden-Mentalität" werden deutsche Feuerwehrangehörige nicht eingestuft, aber wenn es in diesem Abschnitt um die persönliche Ausstattung von Feuerwehrangehörigen beziehungsweise Einsatzkräften geht, dann hat die Frage nach dem „... durch's Feuer gehen" doch eine gewisse Bedeutung.
Feuer, Funkenflug, Rauch, giftige Gase, Chemikalien – diese und noch zahlreiche weitere Elemente und Stoffe tangieren den Feuerwehrmann im Einsatz in ganz besonderer Weise, andere gefährdende Situationen kommen hinzu. So könnte sich eine Einsatzkraft im brennenden Umfeld eines Gebäudes an spitzen, heißen oder kontaminierten Gegenständen verletzen, von Wänden und Decken herabfallende Gegenstände können ihn treffen und beim Befreien von Personen aus einem Autowrack könnten Metallteile und Glassplitter gefährliche Verletzungen verursachen.
Schon auf Grund dieser wenigen Stichworte wird deutlich, dass Feuerwehrangehörige im Einsatz sich in besonderer Weise schützen müssen – vorrangig durch eine persönliche Schutzausrüstung und -bekleidung.
Zur Standard-Schutzausrüstung eines Feuerwehrmannes gehören folgende Komponenten:
Feuerwehr-Schutzanzug mit Hose und Überjacke
Wer sich die im Abschnitt 4 (Aufgaben der Feuerwehr) gezeigten Bilder genau ansieht wird feststellen, dass die persönliche Schutzbekleidung der dort gezeigten Einsatzkräfte sehr unterschiedlich ist. Insbesondere die älteren Bilder zeigen noch die grauen zweiteiligen „Wetterschutzanzüge" aus Baumwollgewebe mit rotem Schulterkoller, wie sie noch vor einigen Jahren vor allem in Baden-Württemberg und in Bayern getragen wurden.

Über Jahrzehnte hinweg galten die „Wetterschutzanzüge" als „optimale" Schutzbekleidung von Feuerwehrangehörigen im Einsatz. Mittlerweile ist längst klar, dass solche Schutzanzüge weder für Brand- oder Hilfeleistungseinsätze und deren Gefahren taugen noch ausreichend gegen „Wetter" schützen. Bis auf wenige Feuerwehren ist man zwischenzeitlich auf nach DIN vorgeschriebene und materialgeprüfte Bekleidung umgestiegen (HuPF-Einsatz- und Schutzbekleidung).

Die Zeit dieser eher geringen Schutz bietenden Bekleidung ist längst vorüber. Heute tragen Einsatzkräfte in der Regel die nach DIN vorgeschriebene sogenannte „HuPF"-Einsatzkleidung („Herstellungs- und Prüfrichtlinie von Feuerwehrschutzkleidung"/HuPF), bestehend aus mehrlagigem Gewebe (zum Beispiel Nomex, Kermel, Baumwolle/Sympatex/Viskose, Gore-Tex) in dunkelblauer und/oder roter Farbgebung mit umlaufenden Reflexstreifen an der Jacke und an der Hose.
Ein solcher zweiteiliger Schutzanzug (in Deutschland dürfen aus Hose und Jacke bestehenden Feuerwehr-Schutzanzüge nur zweiteilig getragen werden!) ist grundsätzlich aus feuerhemmenden Material gefertigt und bietet weitgehenden Schutz vor Hitzestrahlung und Einwirkungen durch Flammen. Diese Schutzwirkung sowie generell die differenzierte Schutzwirkung der einzelnen Bekleidungsstücke ist nach der Deutschen Industrie-Norm (DIN) und nach der Europa-Norm (EU-Norm) bis zu bestimmten Normwerten vorgeschrieben.
Spezielle Schutzbekleidungen (zum Beispiel Hitzeschutzanzug, Chemieschutzanzug, Vollschutzanzug) ergänzen die persönliche Schutzbekleidung dort, wo auf Grund der Lage und der Einsatzbedingungen ein erweiterter Schutz gegen Hitze oder Gefahrstoffe erforderlich wird.
Die persönliche Schutzbekleidung ist hinsichtlich Farbe, Material und Verarbeitung in Deutschland nicht einheitlich. Nahezu alle deutschen Bundesländer verfügen über eigene Richtlinien, die Auswahl und Verwendung von persönlicher Schutzbekleidung für Feuerwehr-Einsatzkräfte vorschreiben. Durch die europäische Normierung allerdings setzen sich

Die sogenannte „HuPF"-Einsatzkleidung („Herstellungs- und Prüfrichtlinie von Feuerwehrschutzkleidung"/HuPF) gilt heute als optimale Schutzbekleidung für Feuerwehrangehörige im Einsatz. Sie besteht aus mehrlagigem Spezialgewebe in dunkelblauer und/oder roter Farbgebung mit umlaufenden Reflexstreifen.

hochwertige Materialien und Verarbeitung im Sinne der „HuPF“ allerdings immer mehr durch und werden in absehbarer Zeit zu einem Basisstandard in ganz Deutschland führen.

Warn- und Kennzeichnungswesten

Über die Warnwirkung der grundsätzlichen Feuerwehr-Schutzbekleidung hinaus (u.a. Reflexstreifen, rote Jacke) benötigen Einsatzkräfte je nach Lage und Bedingungen sowie im Sinne der Unfallversicherungsvorschriften (UVV) weitere Schutzkomponenten, so etwa bei der Ausführung von Warnfunktionen oder bei Absperrmaßnahmen im öffentlichen Verkehrsraum (Straßen, insbesondere Autobahnen, Schienenwege).
Dazu dienen Warnwesten, die über die Schutzbekleidung gezogen werden. Sie sind in der Regel rot mit Reflexstreifen und der Aufschrift „Feuerwehr“.
Neben Warnwesten werden von Führungskräften im Einsatz auch sogenannte „Kennzeichnungswesten“ getragen. Sie dienen der Kennzeichnung von Funktionsträgern an der Einsatzstelle (zum Beispiel Einsatzleiter, Gruppenführer, Zugführer, Pressesprecher, Leitender Notarzt, Fachberater). Kennzeichnungswesten sind farblich festgelegt und den entsprechenden Funktionsinhabern zugeordnet.
Eine bundesweit einheitliche Kennzeichnung von Führungskräften und Funktionsträgern mit Kennzeichnungswesten gibt es in Deutschland nicht.

Feuerwehrhelm mit Nackenschutz

Feuerwehrangehörige im Einsatz tragen in der Regel einen gelb/grün phosphoreszierenden (nachleuchtenden) und mit silbrig-weiß reflektierenden Streifen versehenen Schutzhelm mit rückwärtig eingebundenem Nackenschutzleder (DIN 14940; aus Leder, Nomex oder aluminisiertes Gewebe).
Der Schutzhelm besteht meistens aus Aluminium, kann jedoch auch – je nach Hersteller – aus unterschiedlichen Kunststoffmaterialien bestehen (zum

Spezielle Schutzbekleidungen – hier beispielsweise ein Hitzeschutzanzug – tragen Einsatzkräfte der Feuerwehr da, wo auf Grund der Lage und der Einsatzbedingungen mit entsprechenden Einwirkungen zu rechnen ist (z.B. durch Gefahrstoffe, Hitze, Flammen).

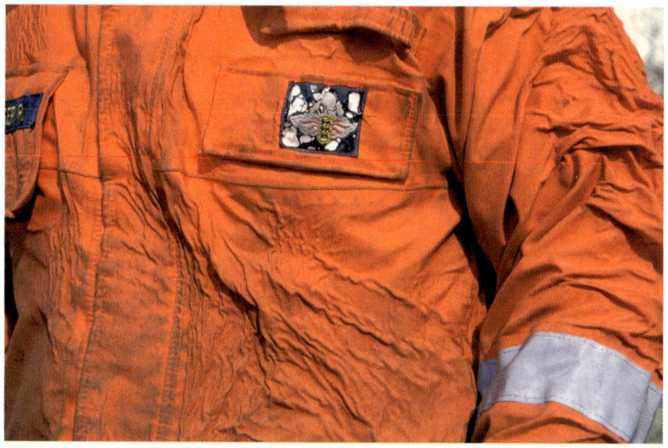

Wie gut eine Feuerwehr-Schutzbekleidung gegen die Einwirkung von Flammen und Hitze schützen kann, zeigt dieses Bild. Der Träger dieser Feuerwehr-Überjacke (Einsatzbekleidung Baden-Württemberg) erlitt lediglich minimale Hautrötungen, nachdem er bei einem Flächenbrand vom Feuer tangiert wurde. Die thermische Einwirkung auf das Gewebe ist im Bild deutlich zu sehen.

Ergänzend zur persönlichen Schutzbekleidung werden im Einsatz spezielle „Kennzeichnungswesten" getragen, die Auskunft über die jeweilige Funktion des Trägers geben. Damit sind Führungskräfte (z.B. Einsatzleiter, Zug- oder Gruppenführer) oder andere Funktionsträger (z.B. Dokumentation, Pressesprecher, Fachberater) im Umfeld der Einsatzkräfte sofort und deutlich erkennbar und können anhand der Aufschriften gegebenenfalls auch ihren Fahrzeugen zugeordnet werden.

Beispiel Glasfiber-Verbundwerkstoffe/GFV). Zusätzlich kann der Helm mit einem Schutz-Frontvisier (Splitterschutz, Hitzeeinwirkung), mit einer Beleuchtungseinrichtung (Helmlampe) oder mit einer Funksprechgarnitur ausgestattet sein.

Feuerwehrhelme sind in Deutschland weitgehend vereinheitlicht, je nach Bundesland oder Feuerwehr können sie jedoch über zusätzliche reflektierende Einheits- oder Funktionsabzeichen (Helmstreifen weiß und/oder rot, zum Beispiel „A" wie Atemschutzgeräteträger) versehen sein, die beispielsweise aus taktischen Gründen den Rang und/oder die jeweilige Funktion des Trägers kennzeichnen.

Flammschutzhaube

Eine Flammschutzhaube aus Gewebe (zum Beispiel Kevlar, Nomex) wird unter dem Schutzhelm getragen und schützt zusätzlich den Gesichts- und Kopfbereich des Trägers vor möglicher Flammeneinwirkung und/oder vor Strahlungshitze.

Feuerwehr-Schutzhandschuhe

Neben dem Körper allgemein, dem Kopf und dem Gesicht sollten natürlich auch die Hände eines Feuerwehrangehörigen während des Lösch-, Rettungs- oder Bergeeinsatzes ausreichend geschützt sein. Den Feuerwehrangehörigen stehen dazu spezielle Feuerwehr-Schutzhandschuhe zur Verfügung. Sie bestehen aus weitgehend feuerfestem Material (zum Beispiel im Bereich der Brandbekämpfung aus Nomex, Kevlar oder Spezialleder; im Bereich der technischen Arbeiten meist aus Rindvollleder). Feuerwehrhandschuhe schützen wirksam vor Flammeneinwirkung, vor Einwirkung von Strahlungshitze und extremen Temperaturen sowie vor mechanischen Einwirkungen auf Hände und Finger.

Feuerwehrstiefel

Auch Feuerwehr-Einsatzstiefel nach DIN müssen den geltenden Unfallverhütungsvorschriften (UVV) entsprechen und danach unter anderem eine aus ausreichende Trittsicherheit sowie den Schutz gegen mechanische Einwirkungen (Umknicken, Stöße, Einwirkung scharfkantiger Gegenstände, Feuer, Hitze, Einwirkung von Gefahrstoffen) sicherstellen. Herkömmliche Feuerwehr-Sicherheitsstiefel sind daher aus Leder hergestellt und mit einer Stahlkappe im Fußbereich sowie mit einer rutschsicheren, antistatischen und öl-/benzin-/säurefesten Lederbrandsohle versehen.
Moderne Feuerwehrstiefel können darüber hinaus mit zusätzlichen durchtrittssicheren Stahlzwischensohlen, feuerfestem Schnürungen und Verschlüssen, Fersen- und Knöchelpolsterungen sowie mit wasserdichter Fütterung ausgestattet sein.
Für spezielle Einsatztätigkeiten, zum Beispiel in Gefahrstoffbereichen, stehen auch spezielle Schutzstiefel zur Verfügung (zum Beispiel chemikalienbeständige Kunststoffstiefel)

Feuerwehr-Sicherheitsgurt

Der Feuerwehr-Sicherheitsgurt (auch „Hakengurt") gilt als zusätzliche persönliche Sicherheitsausstattung für Einsatzkräfte und wird abhängig von den jeweiligen Gefahren eines Einsatzes und den jeweiligen Aufgaben getragen. Insbesondere

Für offizielle Auftritte im Feuerwehrdienst außerhalb von Einsätzen steht Feuerwehrangehörigen in Deutschland eine Dienstbekleidung (auch: Ausgehuniform) zur Verfügung, die länderspezifisch gewisse Unterschiede aufweist. Eine einheitliche Feuerwehr-Dienstbekleidung gibt es in Deutschland nicht. Zur Dienstbekleidung werden zudem Rang- und Funktionsabzeichen sowie Ehrenzeichen getragen.

Auch Angehörige von Jugendfeuerwehren sind im (nichtaktiven) Feuerwehrdienst mit einer wirksamen Einsatzbekleidung ausgestattet, die vor schädigenden mechanischen Einwirkungen schützen soll. Dazu gehören – wie bei aktiven Feuerwehrangehörigen – Überjacke, Hose, Helm, Stiefel und Handschuhe.

wird der Sicherheitsgurt im Brandeinsatz getragen. Der breite Leder-/Textil-Polyestergurt ist unter anderem mit einen Karabinerhaken ausgestattet, der in Kombination mit einer Feuerwehrleine das Halten in absturzgefährdeten Bereichen (zum Beispiel im Dachbereich, auf der Leiter) sowie das Selbstretten aus Höhen ermöglicht. Am Sicherheitsgurt ist ein Feuerwehrbeil befestigt.

Sonstige persönliche Sicherheitsausrüstung
Zu den weiteren beziehungsweise ergänzenden persönlichen Sicherheitsausstattungen eines Feuerwehrmannes gehören „Feuerwehrleinen" (Fangleinen, Sicherungsleinen beziehungsweise Mehrzweckleinen), das persönliche Atemschutzgerät mit Atemschutzmaske und sogenannter „Totmanneinrichtung" sowie gegebenenfalls ein Handsprechfunkgerät.
Auch für die Angehörigen der Jugendfeuerwehren steht eine komplette Schutzbekleidung, bestehend aus Schutzanzug (Hose, Jacke), Helm, Sicherheitsschuhen und Handschuhen, zur Verfügung.
Die Jugendfeuerwehr-Schutzbekleidung ist auf die Bedürfnisse der Feuerwehr-Jugendarbeit zugeschnitten.

Dienstbekleidung für Feuerwehrangehörige
Neben der Feuerwehr-Schutzbekleidung steht Feuerwehrangehörigen in der Regel eine Dienstbekleidung (auch: Ausgehuniform) zur Verfügung. Sie ist je nach Bundesland unterschiedlich und besteht wahlweise aus Dienstjacke, Diensthose, Diensthemd sowie aus Dienst- oder Schirmmütze. Ergänzt werden kann die Dienstbekleidung durch entsprechende Pullover, Shirts, Strickjacken und Schuhe.
Die offizielle Dienstbekleidung ist mit je nach Bundesländern unterschiedlichen Dienstgradabzeichen (Rangabzeichen), mit Funktionskennzeichen (zum Beispiel Kommandant, Feuerwehrarzt, Fachberater), mit dem jeweiligen Ärmelabzeichen der Feuerwehr (in der Regel Name der Feuerwehr und Gemeindewappen) sowie mit dem Feuerwehremblem und dem Landeswappen (Mütze) versehen.
Die Dienstbekleidung wird zu dienstlichen Anlässen (zum Beispiel Versammlungen, Schulungen, Festlichkeiten) sowie zu offiziellen Veranstaltungen (zum Beispiel kommunale Veranstaltungen) auf unterschiedlichen Ebenen (Kommune, Kreis, Land) getragen.

FEUER

Kapitel 4

Aufgaben der Feuerwehr

Aufgaben der Feuerwehr

„Retten – Löschen – Bergen – Schützen" lautet das Motto der Feuerwehren in Deutschland sowie darüber hinaus in ganz Europa. Diese vier Begriffe beschreiben stichwortartig und zugleich eindeutig die Aufgaben der deutschen Feuerwehren. Diese Aufgaben sind möglichst in der oben genannten Abfolge wahrzunehmen, wobei der Schwerpunkt aller Maßnahmen das „Retten" von Menschen vorsieht.

Die Aufgaben der Feuerwehren sind in den Brandschutz- und Hilfeleistungsgesetzen der Länder sowie in den Rettungsdienst- und Katastrophenschutzgesetzen festgelegt und beschrieben.

Die Aufsicht über die Wahrnehmung dieser Aufgaben, darüber hinaus über das gesamte Feuerwehrwesen in Deutschland, übernehmen die Innenminister der Bundesländer. Die behördliche Aufsicht reicht zudem über die Bezirksregierungen bis zu den Landratsämtern, in den feuerwehrtechnische Aufsichtsbeamte die Fachaufsicht ehrenamtlich wahrnehmen.

Die Einsatz- und Ausbildungstätigkeit der Feuerwehren wird in sogenannten „Feuerwehr-Dienstvorschriften" (FwDV) detailliert beschrieben und fachlich-inhaltlich festgelegt. Die Einführung und Bekanntmachung der Feuerwehr-Dienstvorschriften als Verwaltungsvorschriften durch die jeweiligen Bundesländer (Innenministerien) machen diese für alle Feuerwehren im Land verbindlich.

Dass über die vier vorgenannten stichwortartigen Aufgabenbereiche hinaus für die Feuerwehren noch sehr viel detailliertere Aufgaben anfallen, zeigen die nachfolgenden Aufgabenbeschreibungen. Diesbezüglich wird zudem unterschieden zwischen den in den Gesetzen und Verordnungen festgelegten Pflichtaufgaben (zum Beispiel das Löschen von Bränden, die Rettung von verunfallten Personen aus Kraftfahrzeugen) und den ihr von Anderen übertragenen „Kann-Aufgaben" (zum Beispiel der Krankentransport- und Rettungsdienst).

Insbesondere sind den nachfolgenden Kapiteln auch Einsatzberichte in Kurzform beigefügt, die vom Autor in seiner langjährigen Funktion als Pressesprecher für den Landkreis Konstanz und für die Feuerwehr Radolfzell/Bodensee dokumentiert wurden. Diese Berichte und ihre dort enthaltenen Fotos von realen Einsätzen der letzten zehn bis fünfzehn Jahre wollen keinesfalls eine ansonsten ungeeignete Form von „Action" in diese Buchveröffentlichung bringen, sondern sie sollen allein das umfangreiche Feld der unterschiedlichsten Einsatzaufgaben anschaulich und zugleich realistisch darstellen.

Einsätze dieser und ähnlicher Art haben Feuerwehren in ganz Deutschland tagtäglich rund um die Uhr zu bewältigen – mal schlimmer, mal weniger schlimm, mal gefährlich und mal harmlos. Einsätze und ihre Realität, die mehr oder weniger „spurlos" an den Feuerwehr-Einsatzkräften vorüber gehen, die aber durchaus auch ihre nachhaltigen physischen und psychischen Folgen hinterlassen können.

Aber auch die Bevölkerung in den Städten und Gemeinden Deutschlands erlebt immer wieder solche Einsätze der Feuerwehren – oft aus der Entfernung heraus, vom Rande des Geschehens –, manchmal aber auch als Beteiligte und Betroffene. Meist immer bleibt die Frage offen, was denn genau die Feuerwehr tut, wenn sie mit Fahrzeugen, Geräten und Mannschaften im unmittelbaren Bereich von Bränden oder Verkehrsunfällen im Einsatz ist.

Die Beiträge dieses Buches wollen die Arbeit der Feuerwehren in Deutschland ein wenig deutlicher und verständlicher machen.

Retten – Die unmittelbare Abwendung von Gefahren

Unter „Retten" beziehungsweise „Rettung" versteht man das spontane oder taktische Eingreifen bei einer Lebewesen – Menschen und Tiere – bedrohenden Notlage. Die Rettung von Lebewesen bezieht sich auf unterschiedliche Notsituationen, die jeweils ein entsprechend angepasstes technisches und taktisches Vorgehen erforderlich macht. Definiert wird der Begriff „Retten" in der Feuerwehr-Dienstvorschrift wie folgt: „Retten ist das Abwenden einer Gefahr von Menschen oder Tieren durch lebensrettende Sofortmaßnahmen, die sich auf Erhaltung beziehungsweise auf die Wiederherstellung von Atmung, Kreislauf und Herztätigkeit richten und/oder das Befreien aus einer lebens- oder gesundheitsgefährdenden Zwangslage (durch technische Rettungsmaßnahmen)."

Im fachlichen Sprachgebrauch der Feuerwehren wird der Begriff „Retten" somit eindeutig zugeordnet, während im Sprachgebrauch anderer Organisationen, der Medien und der Öffentlichkeit nicht selten der Begriff „Retten" mit dem Begriff „Bergen" gleichgestellt wird.

„Die eingeklemmte Person wurde aus dem Fahrzeugwrack geborgen" – eine solche Meldung ist nach dem Fachverständnis der Feuerwehren insofern falsch, als lediglich Sachwerte und Tote „geborgen" werden. Richtig müsste es also heißen: „Die eingeklemmte Person wurde aus dem Fahrzeugwrack gerettet (oder befreit)."

So können Menschen und Tiere beispielsweise aus Bergnot, aus Seenot, nach Verkehrsunfällen aus Fahrzeugwracks, bei Bränden aus Räumlichkeiten und Gebäuden gerettet beziehungsweise befreit werden. Der Begriff „befreien" macht zudem deutlich, dass sich eine Person zuvor in einem Zustand befunden hat, aus der sie sich selbst nicht „befreien" konnte, zum Beispiel eine in einem Unfallfahr-

Bei der Wasserrettung sind Einsatzkräfte der Feuerwehr mit spezieller Ausrüstung ausgestattet – zum Beispiel mit Trockentaucheranzügen und Sauerstoffgeräten.

zeug oder in einer Maschine „eingeklemmte Person".
Auch die sogenannten „Not-Türöffnungen" durch die Feuerwehr fallen in den Bereich der Menschenrettung. Meist erfolgt dabei die Anforderung der Feuerwehr durch die Polizei oder durch den Rettungsdienst, wenn in einer Wohnung eine „hilflose Person" vermutet wird, die offensichtlich nicht mehr in der Lage ist, die Türe selbst zu öffnen oder die keine akustischen Lebenszeichen mehr von sich gibt. Mit speziellem Werkzeug öffnet in solchen Fällen die Feuerwehr die jeweilige Wohnung. Durch ein solches Vorgehen konnte in vielen Fällen rechtzeitige Hilfe erfolgen und Menschenleben gerettet werden.
Bei den Feuerwehren und darüber hinaus bei an-

Eine Unterwasserkamera gehört zur Spezialausrüstung der Taucher und ermöglicht Sucharbeiten unter Wasser.

deren Hilfs- und Rettungsdiensten gilt die Menschenrettung als vorrangiges technisches und taktisches Ziel bei allen Einsätzen.

In den Bereich der „Rettungseinsätze" fallen im Wesentlichen Feuerwehr-Einsätze zur Rettung von Menschen und Tieren nach Verkehrsunfällen („Technische Hilfeleistung" beispielsweise zur Befreiung aus Kraftfahrzeugen) –, nach Arbeitsunfällen („Technische Hilfeleistung" beispielsweise zur Befreiung aus Maschinen, Industrieanlagen) –, bei Brandgefahren und Bränden Rettung/Befreiung aus Wohnungen, Räumlichkeiten und Gebäuden –, aus Höhen („Höhenrettung" durch Spezialeinheiten der Feuerwehr und/oder über Leitern/Drehleitern zum Beispiel von Gebäudedächern, von Kranaufbauten, von Gerüsten) und aus Gewässern („Wasserrettung" durch Spezialeinheiten der Feuerwehr beispielsweise aus Seen, Flüssen, Abwasserkanälen, von Eisflächen).

Von den Feuerwehren üblicherweise nicht durchgeführt werden die Bergrettung, die Höhlenrettung, die Seenotrettung und die Luftrettung. Für entsprechende Notfälle in Gebirgen, auf See oder aus der Luft stehen andere spezialisierte Hilfsorganisationen zur Verfügung (u.a. Bergrettungsdienste, Höhlenrettungseinheiten, die „Deutsche Gesellschaft zur Rettung Schiffbrüchiger"/DGzRS, die

Wasserrettungs- und Tauchereinheiten der Feuerwehren verfügen über Sonderfahrzeuge zum Transport von Personal und Gerät, als Zugfahrzeug für Boote oder als Umkleideeinrichtung. Im Bild ein „Gerätewagen Wasserrettung" (GW-W; Taucherfahrzeug) der Berufsfeuerwehr Mannheim. Das Fahrzeug ist für vier Taucher ausgestattet und wird zum Retten und Bergen von Menschen und Tieren aus lebensbedrohenden Lagen auf und in Gewässern stehender oder fließender Art, zur Eisrettung sowie zur Ausführung einfacher technischer Hilfeleistungen in und auf Gewässern eingesetzt.

Zu den Sondereinheiten der Feuerwehr gehört auch die Höhenrettung. Zu ihren Aufgaben gehören Rettungseinsätze aus Höhen (z.B. von Kranen oder Masten), aus der Tiefe (z.B. aus Baugruben, Schächten), das Sichern von Einsatzkräften an absturzgefährdeten Einsatzstellen. Die Höhenrettungsgruppe (hier der Berufsfeuerwehr Reutlingen) kommt meist dort zum Einsatz, wo Drehleitern nicht eingesetzt werden können.

„Deutsche Rettungsflugwacht"/DRF oder die Luftrettung des „Allgemeinen Deutschen Automobil-Clubs"/ADAC).

In bestimmten Notfalllagen werden solche Rettungseinsätze von Einsatzkräften der Feuerwehren unterstützt, zum Beispiel durch technische Maßnahmen (zum Beispiel Ausleuchten eines Landeplatzes für den Rettungshubschrauber).

Dem gegenüber verfügen Feuerwehren beispielsweise über spezialisierte Wasserrettungseinheiten für Notfalleinsätze bei Badeunfällen, Schiffs- und Bootshavarien und Eisunfällen. Die jeweilige „Wasserrettung" führt – wie die Bezeichnung der Einheit deutlich macht, vorrangig Rettungseinsätze für Mensch und Tier durch. Zur Abwendung von (Unfall)Gefahren werden in diesem Bereich aber auch Bergungseinsätze (Bergung von Land- und Wasserfahrzeugen, Sachen, Ladegut, Abdichtung von Schiffsleckagen) wahrgenommen.

Zur Wahrnehmung der Wasserrettung sind Feuerwehren mit spezieller Ausrüstung (zum Beispiel Nass- und Trockentaucheranzüge, Sauerstoffgeräte) sowie mit speziellen Geräten (zum Beispiel Unterwasser-Kamera, Tauchtelefon) und Fahrzeugen (zum Beispiel Rettungsboot, Schlauchboot, Mehrzweckboot, Gerätewagen-Wasserrettung) ausgestattet.

Ein weiteres Beispiel für spezialisierte „Rettungs"-Aufgaben der Feuerwehren ist die sogenannte „Höhenrettung". Entsprechende „Höhenrettungs-Einheiten" kommen bei Notfällen zum Einsatz, bei denen sich Personen (in Sonderfällen auch Tiere) in schwer zugänglichen, hoch gelegenen Bereichen (zum Beispiel Gebäudedächer, Gerüste, Krane, Industrieanlagen) befinden. Zugleich und aus taktischer Sicht „artverwandt" ist die Rettung aus Tiefen (zum Beispiel aus Baugruben, Schächten), die ebenfalls von der „Höhenrettung" der Feuerwehr wahrgenommen wird.

Die „Höhenrettung" der Feuerwehr nimmt gegebenenfalls dort die Erstversorgung Verletzter, die Sicherung von Personen sowie den gesicherten Abtransport zum Erdboden vor.

Typische und häufig anfallende Einsätze für Höhenretter der Feuerwehren sind beispielsweise Suizidversuche, medizinische Notfälle von Kranführern sowie Personen in Schächten oder Silos.

Rettungseinsätze dieser Art machen eine enge Kooperation mit anderen Hilfs- und Rettungseinheiten erforderlich, zum Beispiel mit dem medizinischen Rettungsdienst oder der Luftrettung.

Die Feuerwehren im Einsatz

Die nachstehenden Seiten dokumentieren reale Rettungseinsätze der Feuerwehren. So oder anders erleben Feuerwehrangehörige Tag für Tag und Nacht für Nacht Einsätze, bei denen Menschen materiell zu Schaden kommen, verletzt oder gar getötet werden. In vielen Fällen können Einsatzkräfte der Feuerwehren und der Rettungsdienste helfen, können gar Leben retten – in manchen Fällen jedoch kommt jede Hilfe zu spät.
Was bei vielen Feuerwehrangehörigen bleibt, ist das Erleben von Leid, Schmerz und Tod.
Die nachfolgend gezeigten Bilder und Fakten, vorwiegend von Rettungseinsätzen beziehungsweise von kombinierten Rettungs-, Bergungs- und Löscheinsätzen, wurden vom Autor Wolfgang Jendsch im Rahmen seiner hauptberuflichen Tätigkeit als Fachjournalist, im Rahmen der Einsatzdokumentation Einsatzdokumentation für die Feuerwehren des Landkreises Konstanz (Baden-Württemberg) sowie in seiner Funktion als Feuerwehr-Pressesprecher aufgenommen. Insbesondere die Bilder stellen dabei speziell auswählte Beispiele für die unterschiedlichen Einsatztätigkeiten zur Rettung von Menschen aus Notlagen sowie für die umfangreiche Arbeit der Feuerwehren an den Einsatzstellen innerhalb der letzten zehn bis fünfzehn Jahre dar.
Bei den nachstehend dokumentierten Einsätzen der Feuerwehren nach Verkehrsunfällen mit eingeklemmten Personen werden in der Regel Vorausrüstwagen (VRW) und Rüstwagen (RW 2) zur technischen Notfallrettung sowie Tanklösch- und/oder Löschgruppenfahrzeuge (TLF 16, TLF 24/50, LF 16/12) zur jeweiligen Sicherstellung des Brandschutzes eingesetzt -, darüber hinaus Drehleiter-Fahrzeuge (DLK 23-12), wenn Personen aus größeren Höhen gerettet werden müssen.
Hinweis: Die in den Einsatz-Kurzberichten verwendeten Abkürzungen für die Einsatzfahrzeuge von Feuerwehr und Rettungsdienst können in der Auflistung auf Seite 229 zugeordnet werden.

Schwerer Verkehrsunfall auf der Bundesstraße 34, eine Person ist im Fahrzeug eingeklemmt. Die Feuerwehr hat mit hydraulischem Gerät bereits das Dach des Fahrzeugs abgeschnitten und zurückgeklappt, damit Notarzt und Rettungskräfte besser an den Verletzten herankommen können. (Siehe Einsatzbericht auf folgender Seite)

31. März 1993:
„Einsatz für Florian Singen: Verkehrsunfall mit eingeklemmten Personen!"

Punkt 18.00 Uhr alarmierte die Integrierte Leitstelle Konstanz die Feuerwehr Singen zu einem Verkehrsunfall mit eingeklemmten Personen auf der Bundesstraße 34. Innerhalb weniger Minuten nach der Alarmierung rückte die Wehr mit dem VRW, dem TLF 24/50 und dem RW 2 zur Unfallstelle aus. Parallel fuhren zwei NEF sowie drei RTW des DRK-Rettungsdienstes die Unfallstelle an.
Insgesamt drei Personenwagen waren am Verkehrsunfall beteiligt. Zwei Personen wurden schwer verletzt und mussten von der Feuerwehr unter Einsatz von hydraulischem Rettungsgerät aus den Fahrzeugwracks befreit werden. „Überholen bei Gegenverkehr" war die vermutliche Unfallursache nach ersten Feststellungen der Polizei.

Behutsam und schonend versuchen Kräfte des Rettungsdienstes und der Feuerwehr, den verletzten Fahrer notfallmedizinisch zu versorgen und aus dem Fahrzeug zu befreien, um ihn dann ins Krankenhaus zu verbringen.

29. August 1992:
„Einsatz für Florian Engen: Schweres Busunglück, Person eingeklemmt, zahlreiche Verletzte!"

Der Frontalzusammenstoß zwischen einem Pkw und einem Reisebus führte auf der Bundesstraße 33 zwischen Singen und Engen zu einem schweren Verkehrsunfall, bei dem neun Personen schwer und 36 leichter verletzt wurden. Der Fah-

Bei Eintreffen der ersten Kräfte der Feuerwehr lag der Reisebus auf der Seite. Die meisten Insassen hatten das Fahrzeug bereits durch die herausgefallene Frontscheibe verlassen.

Während sich ein Teil der eingetroffenen Rettungskräfte um die Businsassen kümmerten, versuchten andere, den eingeklemmten und schwer verletzten Pkw-Fahrer zu befreien. Für ihn kam jedoch jede Hilfe zu spät.

rer des Pkw wurde in seinem Fahrzeug eingeklemmt und getötet.
Um 23.00 Uhr alarmierte die Leitstelle Konstanz die Freiwillige Feuerwehr Engen (VRW, RW 2, TLF 16, LKW, 2 MTW) sowie die Rettungswachen des DRK, der JUH und des MHD in Singen und Engen (2 NEF, 7 RTW). „Schwerer Verkehrsunfall, Bus umgestürzt, zahlreiche Verletzte!" lautete die Alarmierungsdurchsage.

Kurz vor der Ortschaft Welschingen war ein Reisebus nach einem Zusammenstoß mit einem Pkw bei strömenden Regen und schlechter Sicht von der Straße abgekommen und lag auf der Seite. Unweit davon stand der unfallbeteiligte und schwer deformierte Pkw, dessen Fahrer im Fahrzeug eingeklemmt war.
Während die Besatzung des VRW die Rettungs- und Bergungsarbeiten am Pkw mit schwerem hydraulischen Rettungsgerät aufnahm, begannen zahlreiche Kräfte der Feuerwehr und des Rettungsdienstes mit der Befreiung der Businsassen. Der Reisebus lag stabil auf der rechten Seite, so dass die Einsatzkräfte den Zugang durch die Frontscheibe fanden. Ein Teil der Passagiere hatte sich bereits selbst befreit und wartete auf einer Wiese im Umfeld des Busses.
Rettungskräfte mussten neun schwerverletzte Personen aus dem umgestürzten Fahrzeug befreien. Alle anderen Fahrgäste wurden lediglich leicht verletzt und konnten nach ihrer Ersatzversorgung durch Notärzte und Rettungssanitäter mit einem Ersatzbus nach Hause gebracht werden. Die Schwerverletzten wurden in die Krankenhäuser nach Singen, Engen und Radolfzell verbracht.
Jede Hilfe zu spät kam für den Fahrer des Pkw. Er konnte leider nur noch tot aus seinem völlig zerstörten Fahrzeug geborgen werden.

Auch ein weiteres Busunglück beschäftigte die Einsatzkräfte aus dem Raum Engen und Singen. Bei einer Kollision zwischen einem tschechischen Reisebus und einem Lastzug stellten sich beide Fahrzeuge quer.

23. September 1993: „Einsatz für Florian Engen: Schweres Busunglück, mehrere eingeklemmte Personen!"

Der Alarm der Rettungsleitstelle Konstanz ging bei der Freiwilligen Feuerwehr Engen am frühen Morgen um 06.07 Uhr ein. Schon die Alarmierungsdurchsage ließ auf einen zu erwartenden größeren Feuerwehr- und Rettungseinsatz schließen. Die Engener Feuerwehr rückte mit dem VRW, dem TLF 16 und dem RW 2 zur Unfallstelle auf der Autobahn 81 im Bereich des Autobahnkreuzes Hegau aus. Aus Engen und dem benachbarten Singen schickte die Leitstelle zwei NEF, drei RTW und drei KTW.

Bei Eintreffen an der Einsatzstelle bestätigten sich die Vermutungen der Feuerwehrkräfte. Ein tschechischer Reisebus war offensichtlich in voller Fahrt auf einen Lastzug aufgefahren. Bei dem Crash wurden sechs Fahrgäste schwer und weitere neun leicht verletzt. Ein vorn neben dem Fahrer sitzender Insasse verstarb noch an der Unfallstelle und musste mit schwerem Gerät aus dem vorn völlig zerstörten Bus geborgen werden.

Zahlreiche Personen im Bus wurden zum Teil schwer verletzt.

Eine neben dem Busfahrer sitzende Person wurde bei dem Aufprall getötet.

20. Januar 1994: „Einsatz für Florian Radolfzell: Schwerer Verkehrsunfall mit eingeklemmter Person!"

Zu einem schweren Verkehrsunfall kam es in den Abendstunden gegen 19.30 Uhr auf der Landesstraße 220 unweit von Liggeringen. Ein Autofahrer wollte einem die Straße querenden Wildschwein ausweichen und prallte dabei frontal mit einem entgegen kommenden Fahrzeug zusammen. Dessen 39jährige Fahrerin und ihre zwei Kinder im Alter von drei und acht Jahren wurden im Unfallfahrzeug eingeklemmt und zum Teil lebensgefährlich verletzt. Der Fahrer des unfallverursachenden Wagens wurde leicht verletzt.
Alarmiert wurden Feuerwehr und Rettungsdienst um 19.26 Uhr. Die Feuerwehr Radolfzell rückte

Nach einem Frontalzusammenstoß mit einem anderen Pkw wurde dieses Fahrzeug auf die Leitplanke geschleudert. Die Fahrerin und ihre zwei Kinder wurden im Unfallfahrzeug eingeklemmt. Der Wagen drohte umzustürzen.

Der Fahrer des zweiten beteiligten Fahrzeug wurde nur leicht verletzt.

mit dem ELW, dem RW-See, dem RW 2 sowie mit einem TLF 16 aus, der Rettungsdienst des DRK sowie des Malteser Hilfsdienstes (MHD) aus Radolfzell, Singen und Konstanz fuhr die Einsatzstelle mit insgesamt drei NEF, drei RTW und zwei KTW an. Alarmiert wurde zudem der Rettungshubschrauber der „Rega" aus St. Gallen/Schweiz. Die Befreiung der eingeklemmten Personen erwies sich als schwierig. Der Unfall-Pkw hatte sich an der Leitplanke mitsamt seinen Insassen senkrecht aufgestellt. Mit Hilfe des Feuerwehrkrans konnte er zunächst stabilisiert, später dann aufgenommen und auf die Straße gesetzt werden. Nach dem Abtrennen des Fahrzeugdaches mit hydraulischem Rettungsschneidgerät konnten die drei Personen befreit und den Notärzten übergeben werden.

Mit Hilfe des Rüstwagen-Kran (RW-Kran; Bild rechts) der Feuerwehr wurde das aufrecht stehende Unfallfahrzeug fixiert, bis die verletzten Personen befreit werden konnten. Danach konnte der Pkw auf die Straße gestellt werden.

Indirekte Ursache für den schweren Unfall war ein Wildschwein, das vor dem Fahrzeug die Straße überqueren wollte. Ein Ausweichmanöver misslang – alle beteiligten Personen wurde verletzt, das Tier getötet.

Bei Eintreffen an der Unfallstelle außerhalb des Stadtbereichs war der Pkw bereits weitgehend ausgebrannt. Unklar war anfangs, ob sich noch Personen in dem Fahrzeug befinden. Der Fahrer konnte sich allerdings selbst befreien und wurde nur leicht verletzt.

05. März 1994: „Einsatz für Florian Radolfzell: Verkehrsunfall, Fahrzeug brennt!"

Zu einem brennenden Pkw nach einem Verkehrunfall auf der Kreisstraße 6168 unweit von Markelfingen wurde die Feuerwehr Radolfzell nachts um 01.52 Uhr gerufen.
Unklar war, ob sich noch Personen beziehungsweise Verletzte im Fahrzeug befinden. Bei Eintreffen der ersten Kräfte mit dem Tanklöschfahrzeug (TLF 16) und eines Löschgruppenfahrzeugs (LF 16) wurde ein gegen einen Baum geprralltes, teilweise noch brennendes und ansonsten weitgehend ausgebranntes Unfallfahrzeug aufgefunden. „Glück im Unglück" hatte der 25jährige Fahrer: Er wurde bei dem Aufprall nur leicht verletzt und konnte nach ambulanter Versorgung durch die Besatzung des RTW an der Unfallstelle verbleiben.

Einsatzkräfte der Feuerwehr löschten die brennenden Reste des Unfallfahrzeugs ab.

17. Mai 1994: „Einsatz für Florian Stockach: Schwerer Lkw-Unfall, Person eingeklemmt!“

Um 08.33 Uhr alarmierte die Leitstelle Konstanz in Radolfzell die Freiwillige Feuerwehr Stockach (TLF 16, RW 2, MTW) sowie den RTW der Rettungswache Stockach mit der Durchsage „Schwerer Verkehrsunfall am Ortseingang Hoppetenzell!“.
An der Unfallstelle war ein Lastzug etwa zwei Meter in das Untergeschoss eines zweistöckigen Wohnhauses gefahren. Das Fahrerhaus wurde dabei unter eine Betonzwischendecke gequetscht, der Fahrer wurde im Fahrerhaus eingeklemmt. Für das Gebäude bestand Einsturzgefahr, damit bestand auch für den eingeklemmten Lkw-Fahrer Lebensgefahr. Für die Einsatzkräfte im unmittelbaren Bereich des Gebäudes bestand eine erhebliche Eigengefährdung.
Die Einsatzkräfte versuchten, von der Rückseite des Fahrerhauses über die Lkw-Pritsche sowie von den Seiten des eingedrückten Fahrerhauses an den Verletzten zu gelangen. Dabei wurde versucht, mit Trennschleifern die Rückwand des

Eine der schwierigsten und langwierigsten Rettungs- und Bergungsarbeiten hatte die Freiwillige Feuerwehr Stockach und der Rettungsdienst zu bewältigen. Ein Lastzug war in ein Wohnhaus gefahren, der Lkw-Fahrer wurde im völlig eingedrückten Fahrerhaus eingeklemmt.

Für das im Erdgeschoss zerstörte Wohngebäude bestand zunächst Einsturzgefahr. Deshalb wurde das Obergeschoss durch Stahlstempel und Holzbalken vorsorglich abgestützt. Im Bild sichtbar die in den Raum hereinragende und völlig zerdrückte Front des Lastwagens.

Einsatzkräfte versuchten, sowohl von hinten über die Pritsche als auch von der Fahrerhausseite her die eingeklemmte und verletzte Person zu befreien. Alle diese Versuche misslangten zunächst.

Lkw-Fahrerhauses zu öffnen. Diese Maßnahme erweist sich schon bald als nicht durchführbar. Mit schwerem hydraulischen Rettungsgerät wurde parallel versucht, einen Zugang zur eingeklemmten Person von den Seiten her zu schaffen. Auch diese Maßnahme blieb auf Grund der starken Zerstörung des Fahrzeuges und des stabilen Metalls erfolglos.

Aufgrund der sich insgesamt darstellenden Lage erweist sich die Personenrettung und -bergung zunehmend als „problematisch, technisch aufwendig und gefährlich“. Die Einsatzleitung entschließt sich daher in Abstimmung mit dem Notarzt, das Zugfahrzeug mitsamt dem eingeklemmten Fahrer aus dem Gebäude zu bergen. Man ist sich dabei der erheblichen Gefahr eines Gebäudeeinsturzes sowie einer weiteren Gefährdung des Eingeklemmten bewusst. Letztendlich wird diese Bergemaßnahme jedoch als „einzige realistische Möglichkeit zur Rettung des Verletzten“ beurteilt.

Man entscheidet sich für ein paralleles Anheben des Zugfahrzeuges durch den Schwerlastkran und dem Zurückziehen mit Hilfe der Seilwinde des Rüstwagens (RW 2). Während der Bergungsmaßnahmen wird der eingeklemmte und verletzte

Der Lkw wurde mitsamt dem noch eingeklemmten Fahrer von einem Schwerkran aus dem Gebäude gehoben und auf der Straße abgesetzt. Die Seilwinde des Feuerwehr-Rüstwagens (RW 2; im Hintergrund links) fixierte das Fahrzeug gegen seitliches Ausschwenken.

Nach dem Absetzen und dem behutsamen Auseinanderziehen der Wrackteile gelang es den Rettungskräften, den Lkw-Fahrer aus der zerstörten Kabine zu befreien. Eine stundenlange Rettungsaktion ging damit relativ glimpflich zuende – der Fahrer erlitt nur mittelschwere Verletzungen und konnte das Krankenhaus nach wenigen Tagen wieder verlassen.

Lkw-Fahrer vom Notarzt intubiert und künstlich beatmet.
Der zweite Teil der schwierigen Technischen Hilfeleistung sieht die Rettung des eingeklemmten Fahrers aus dem völlig zerstörten Fahrerhaus vor. Dazu wird das Unfallfahrzeug zunächst auf ebener Fläche abgesetzt. Zur unmittelbaren Befreiung des Eingeklemmten entscheidet man sich nunmehr, die Vorderachse des Zugfahrzeuges zu fixieren, um danach unter Einsatz des Krans sowie der Seilwinde des Rüstwagens (RW 2) das Unfallfahrzeug sowie insbesondere das zusammengequetschte Fahrerhaus zu „strecken".
Durch diese ebenfalls unter größter Vorsicht vorgenommenen Maßnahme kann der abgeknickte beziehungsweise zusammengedrückte Teil des Fahrerhauses auseinander gezogen werden. Durch relativ einfache technische Bergungsmaßnahmen kann der Mann um 11.39 Uhr befreit und dem Rettungsdienst übergeben werden.

Beim Ausweichen eines über die Straße laufenden Kaninchens überschlug sich dieser Pkw auf der Landesstraße 220 bei Radolfzell. Der Fahrer wurde schwer verletzt eingeklemmt und musste von der Feuerwehr unter Einsatz schweren Rettungsgerätes aus seinem Fahrzeug befreit werden. Dabei wurde die Beifahrertür hydraulisch zur Seite gedrückt und das Dach abgetrennt.

Nach einer Kollision auf der Bundesstraße 14 in Richtung Tuttlingen gerieten beide Pkw von der Straße ab. Einer der Fahrzeuginsassen wurde schwer, ein weiterer leicht verletzt. Die Freiwillige Feuerwehr Stockach, Kräfte des DRK-Rettungsdienstes und die Besatzung des Rettungshubschraubers „Christoph 11" aus Villingen-Schwenningen befreiten die Verletzten und brachten sie zum Hubschrauber beziehungsweise zum Rettungswagen.

Verkehrsunfall zwischen einem Pkw und einen Lkw auf der Bundesstraße 33 bei Radolfzell-Markelfingen. Beim Zusammenprall wurde die Fahrerin des Pkw im Unfallfahrzeug eingeklemmt und getötet. Trotz aller Bemühungen einer Notärztin, des Rettungsdienstes und Kräften der Feuerwehr Radolfzell gelang es nicht mehr, das Leben der Frau zu retten. Mit hydraulischem Gerät musste anschließend der Körper der Frau aus dem Fahrzeug geborgen werden.

Völlig überrollt wurde dieser Kleintransporter von einem Lastzug im Kreuzungsbereich der Bundesstraße 34 und der B 33-neu unweit von Singen. Beide Fahrzeuge gerieten nach dem Crash von der Straße ab. Der Fahrer des Transporters wurde schwerverletzt eingeklemmt und musste im Rahmen einer aufwendigen Rettungsaktion von der Feuerwehr befreit werden. Dabei kamen das hydraulische Rettungsgerät (Schneidgerät, Spreizer), Rettungsstempel und Hebekissen (im Bild vorn rechts) der Feuerwehr Singen zum Einsatz.

Verkehrsunfall auf der Bundesstraße 33 zwischen Markelfingen und Allensbach. Auch hier musste eine im Unfallfahrzeug eingeklemmte und verletzte Person von der Feuerwehr Radolfzell befreit werden. Standardmäßig kommt bei solchen Unfällen der Vorausrüstwagen (VRW; im Bild rechts) mit hydraulischem Rettungsgerät zum Einsatz.

Auf einem leicht abschüssigen Waldweg bei Bankholzen geriet dieser Traktor außer Kontrolle. Er brach in der Mitte auseinander, der Fahrer wurde mit den Beinen eingeklemmt. Der Vorausrüstwagen (VRW) der Feuerwehr Radolfzell kam im Rahmen der Überlandhilfe zum Einsatz. Die Besatzung konnte den leicht verletzten Mann aus seiner misslichen Lage befreien und dem Rettungsdienst übergeben.

In einer lang gezogenen Rechtskurve der Bundesstraße 34 zwischen Radolfzell und dem Ortsteil Stahringen geriet ein Pkw von der Straße ab, prallte gegen eine Baum und blieb in einer absturzgefährdeten Position auf einem Abhang liegen. Die Fahrerin wurde eingeklemmt und schwer verletzt und musste unter Einsatz von schwerem Rettungsgerät von der Feuerwehr Radolfzell befreit werden.

Oben: Rettungseinsatz der Feuerwehr Radolfzell nach einem Verkehrsunfall. Während der im Unfallfahrzeug befindliche Pkw-Fahrer vom Notarzt und Rettungsdienst notfallmedizinisch erstversorgt wird, stellen Kräfte der Feuerwehr vorsorglich den Brandschutz im Umfeld sicher und klemmen sicherheitshalber die Kfz-Batterie ab. Nach ihrer Erstversorgung wird die verletzte Person vom Rettungsdienst übernommen und mit dem Rettungswagen (im Bild im Hintergrund) ins Krankenhaus gefahren.

Links: Zur Menschenrettung können auch Einsätze der Feuerwehr zum Öffnen von Wohnungstüren zählen. Mit speziellem Werkzeug werden Türen dann geöffnet, wenn hilflose oder verletzte Personen in der dahinter liegenden Wohnung vermutet werden, die allein nicht mehr handlungsfähig sind. Im Einsatz dabei sind auch immer der Rettungsdienst und die Polizei.

Rechts: Die Drehleiter (im Bild die DLK 23-12 SE der Feuerwehr Radolfzell) kommt sowohl zur Brandbekämpfung als auch zur Menschenrettung zum Einsatz. Bis zu einer Höhe von etwa 20 bis 25 Metern können Personen mit der Leiter und mit Hilfe des dort angebrachten Korbs aus Gebäuden gerettet werden, wenn andere Fluchtwege (zum Beispiel das Treppenhaus) nicht mehr begehbar sind. Die Drehleiter (DLK) gehört zum Standard-Löschzug größerer Feuerwehren.

FEUERWEHR

03. Mai 1997: „Einsatz für Florian Radolfzell: Katze auf Baum!"

Nicht nur Menschen, sondern auch Tiere können in Not geraten – die Feuerwehr hilft! So auch nach der Mitteilung der Leitstelle, dass sich eine Katze seit Stunden in der Spitze eines Baumes befände und dort „jämmerlich schreien" würde. Die Feuerwehr Radolfzell rückte mit der Drehleiter (DLK 23-12 SE) an. Langsam fuhr der Rettungskorb in die Höhe, dies jedoch offensichtlich sehr

Auch dann, wenn sich Tiere in Notlagen befinden, steht die Feuerwehr zur Hilfe bereit. So bei diesem Radolfzeller „Stubentiger", der seit Stunden auf einem Baum saß und jämmerlich „um Hilfe rief". Mit dem Korb der Drehleiter gelang es zunächst, in die Nähe des verängstigten Tieres zu fahren. Angesichts der zusätzlichen „Bedrohung" durch solcherart Gerät flüchtete „Mieze" jedoch weiter in die Spitzen des Baumes, bis auch dort jede Flucht zwecklos war. Ein beherzter Feuerwehr-Griff – und ab ging die Fahrt dem rettenden Erdboden entgegen.

zum Missfallen des verängstigten „Stubentigers". Der flüchtete nämlich laut miauend weiter hinauf bis in die letzten Spitzen des Baumes. Als dort oben dann gar nichts mehr ging, konnte der „Retter von der Feuerwehr" mit einem schnellen Griff vom Korb aus das Tier fassen und so festhalten, dass die Rückfahrt zum Boden nur noch eine Frage der Zeit war.
Unter heftigem Fauchen, Kratzen und Beißen (gut, dass es dafür schützende Lederhandschuhe gibt!) nahm das „wenig dankbare" Katzentier dort blitzschnell Reißaus. Sehr viel dankbarer zeigten sich jedoch einige kleine Jungen und Mädchen aus der Nachbarschaft, die die Rettungsaktion der Feuerwehr mit „bangen Blicken" aufmerksam verfolgt hatten.

Insbesondere einige Kinder, die die Rettungsaktion mit bangen Blicken und großer Hoffnung verfolgt hatten, waren danach überaus glücklich über die Rettung ihres „Stubentigers" und strahlten mitsamt dem Feuerwehr-Retter glücklich in die Kamera. „Mieze" jedoch zeigte sich eher weniger dankbar – kaum losgelassen verschwand sie mit schnellen Sprüngen im Gebüsch und ward danach nicht mehr gesehen. Undank ist des Retters Lohn?

Rettungs- und Bergeeinsatz der Freiwilligen Feuerwehr Stockach auf der Bundesstraße 31 unter widrigsten Bedingungen! Nach einem schweren Crash zwischen drei Pkw bei Schnee, Glatteis und schlechter Sicht mussten mehrere eingeklemmte und schwerverletzte Personen aus ihren Fahrzeugen befreit werden.

29. März 1995: „Einsatz für Florian Stockach: Schwerer Verkehrsunfall mit eingeklemmten Personen!“

Ein Bild des Grauens bot sich den Einsatzkräften bei einem schweren Verkehrsunfall auf der Bundesstraße 31 zwischen Stockach und Ludwigshafen. Um 18.10 Uhr hatte die Leitstelle Konstanz die Wehr und den Rettungsdienst aus Stockach alarmiert. Bei starkem Schneefall, eisglatter Straße und schlechter Sicht waren zuvor drei Fahrzeuge frontal zusammen gestoßen, nachdem eines von ihnen auf die Gegenfahrbahn geraten war. Die Feuerwehr Stockach rückte mit dem TLF 16, dem RW 2 einen einem GW-T zur Einsatzstelle aus, das DRK mit dem NEF, zwei RTW und einem KTW. Alarmiert wurde auch der Rettungshubschrauber „Christoph 45“ aus Friedrichshafen. Eine erste Lagefeststellung vor Ort machte deutlich, dass drei Personen in ihren Fahrzeugen schwerverletzt in ihren völlig zerstörten Pkw eingeklemmt waren, eine Person wurden leicht verletzt, eine weitere blieb unverletzt.

Der schwerstverletzte und zugleich eingeklemmte Fahrer eines der am Unfall beteiligten Pkw konnte mit hydraulischem Schneidgerät und Spreizer befreit und gerettet werden. Trotz umgehender notärztlicher Bemühungen verstarb ein im zweiten Unfallfahrzeug eingeklemmtes Ehepaar noch an der Unfallstelle infolge seiner schweren Verletzungen. Unter äußerst erschwerten witterungsmäßigen und technischen Bedingungen mussten Feuerwehrangehörige die beiden Toten aus einem nahezu undurchdringbarem Gewirr von Metall bergen.

Für ein Ehepaar kam jedoch jede Hilfe zu spät. Es konnte später nur noch tot aus dem völlig zerstörten Unfallfahrzeug geborgen werden. Dabei mussten die Einsatzkräfte schweres hydraulisches Gerät einsetzen, um in das Innere das Pkw zu gelangen. Für die beteiligten Einsatzkräfte war das eine nicht nur körperlich schwer zu bewältigende Tätigkeit, die manchem noch länger im Gedächtnis haften blieb.

17. Juni 1994: „Einsatz für Florian Engen: Personenrettung aus Höhe!"

Einen nicht alltäglichen Einsatz hatte die Freiwillige Feuerwehr Engen zu bewältigen. Um 11.07 Uhr wurde die Wehr von der Integrierten Leitstelle Konstanz zu einem „Rettungseinsatz nach Betriebsunfall" alarmiert. Bei Renovierungsarbeiten auf dem komplett eingerüsteten Kirchturm in der Gemeinde Aach hatte sich einer der Arbeiter schwer verletzt. Auf Grund der Verletzungen erwies sich ein Runterklettern beziehungsweise ein Runtertragen des Verletzten als unmöglich. Als einzig möglicher Rettungsweg konnte die Drehleiter (DLK 23-12) der Feuerwehr eingesetzt werden.

Zunächst wurden der Notarzt und die Rettungssanitäter des DRK mit dem Drehleiterkorb zum oberen Teil des Kirchturms verbracht. Nach dort erfolgter Erstbehandlung des Verletzten wurde eine Trage auf dem Drehleiter-Rettungskorb befestigt, die den Arbeiter sicher und schonend zum Erdboden bringen sollte. Am Boden wurde der junge Mann wieder dem Rettungsdienst übergeben und mit dem RTW ins Krankenhaus gefahren.

Im Laufe von Bauarbeiten auf dem Gerüst des Kirchturms hatte sich ein Bauarbeiter schwer verletzt und war nicht mehr in der Lage, allein zum Boden abzusteigen. Mit der Drehleiter (DLK 23-12) der Feuerwehr wurden zunächst Angehörige des Rettungsdienstes auf das Gerüst gebracht.

Nach der Erstversorgung des Patienten wurde dieser dann auf der Korbtrage gelagert und mit der Drehleiter zum Boden gefahren, wo er vom Rettungsdienst wieder übernommen und ins Krankenhaus verbracht wurde.

„Wir sitzen in der ersten Reihe!" – Zuschauer, Neugierige und „Gaffer" an der Einsatzstelle

Zuschauer oder „Gaffer", wie manche Medien sie bezeichnen, hat es an Einsatzstellen schon immer gegeben. Dort, wo es brennt, wo Unfälle passieren oder wo die Feuerwehr und der Rettungsdienst im Einsatz sind, ist erfahrungsgemäß auch die Neugierde der an diesen Ereignissen unbeteiligten Menschen groß.

Vielleicht sollte man aber eines nicht vergessen: Grundsätzlich stellt diese Form der Neugierde auch ein Stück „Anteilnahme" beispielsweise am Schicksal der Betroffenen oder an der Arbeit der Hilfs- und Rettungsdienste dar. Vielleicht sind es gerade diese Neugierigen, die insgesamt und stillschweigend stolz sind auf ihre Feuerwehr, die hier alles versucht, um das Hab und Gut der Mitbürger zu retten? Vielleicht lässt sich im Hintergrund aber auch die eine oder andere Stimme vernehmen, die Erleichterung ausdrückt über die Tatsache, dass bei Bränden und Unfällen professionell geholfen wird? Letztendlich braucht doch jeder sein „Publikum": der Fußballverein die Fans am Spielfeldrand, die Schauspieler das klatschende Publikum auf den Theaterrängen – und die Feuerwehr irgendwie doch auch ihre Mitbürger im Umfeld der Einsatzstelle, die das Einsatzgeschehen in angemessener Weise lobend oder kritisch – je nach „Leistung" – begleiten.

Völlig anders gesehen werden muss allerdings die Situation dort, wo Zuschauer und „Gaffer" faktische und/oder moralische Grenzen überschreiten. Leider haben die letzten Jahre immer wieder gezeigt, dass gewisse „Hemmschwellen" bei Zuschauern in steigendem Maße „überschritten" werden:

Einsatzkräfte werden durch „Gaffer" behindert!

- „Gaffer" gefährden sich selbst durch undiszipliniertes Verhalten im Umfeld der Einsatzstelle!
- „Gaffer" sind auch auf Anweisung der Polizei (Feuerwehr) oft nicht bereit, von ihrem „Stammplatz in der ersten Reihe" zu weichen!
- „Gaffer" missachten die Persönlichkeitsrechte und vor allem die Würde der vom Notfall betroffenen Personen (zum Beispiel Verletzte, Bewohner)!

Ein Phänomen also, das sich immer wieder an den Unfallstellen überall im Lande findet!. Selbst Kälte, Schnee und noch so schreckliche Anblicke von Schwerverletzten und Toten schrecken neugierige Schaulustige und „Gaffer" offensichtlich kaum mehr ab. Sie geben vielfach alles darum, das Geschehen an der Einsatzstelle möglichst „aus der ersten Reihe" zu verfolgen – so wie ein junges Pärchen mit einem Kleinkind auf dem Arm beim Verkehrsunfall auf der B 31. Nur wenige Meter von den grausam eingeklemmten Unfalltoten konnten sie sich offenbar nicht „satt sehen" am schlimmen Geschehen bei der Bergung. Die Aufforderung von Feuerwehrangehörigen, schon im Interesse des Kindes den Schauplatz zu verlassen, ignorierten sie beharrlich. Erst die massive Androhung von Konsequenzen durch die Polizei veranlasste sie, sich widerwillig zu entfernen.

Es ist offensichtlich an allen Unfallstellen in Deutschland – und sicher auch in anderen Staaten Europas – das gleiche „traurige Spiel“: „Wir sitzen in der ersten Reihe!“. Getreu dem gleichlautenden Fernsehmotto finden sich schon bald nach Verkehrsunfällen, Brandereignissen sowie bei anderweitigen Einsätzen von Feuerwehr und Rettungsdiensten eine meist immer größer werden Zahl von Zuschauern ein, die mit offensichtlichem Interesse und nicht selten mit „schussbereiten“ Kameras das Rettungsgeschehen vor Ort verfolgen.
Gegen ein interessiertes Verfolgen der Arbeit von Feuerwehr und Rettungsdienst ist zunächst nicht zu sagen – insofern die Menschen sich im nicht störenden Umfeld der Einsatzstelle aufhalten und ein Mindestmaß an Respekt und Ethik gegenüber den Unfallbeteiligten, Verletzten oder Toten bewahren.

Das ist leider nicht immer so. „Gaffer“ im negativen Sinn bewahren meist keine räumliche Distanz, rücken für ein „gutes Foto“ bis auf wenige Meter an Verletzte heran, haben von Ethik und Moral offensichtlich bisher nichts gehört und sind meist überhaupt nicht der Meinung, dass sie die Rettungsarbeiten an der Einsatzstelle stören. Selbst die Polizei hat immer wieder Mühe, solche Zeitgenossen auf die notwendige Distanz zu halten.
„Wir sitzen in der ersten Reihe!“ wird leider zunehmend zum vermeintlichen persönlichen Recht erhoben, das man sich von anderen – und schon gar nicht von Feuerwehrangehörigen – streitig machen lässt.

Die beiden hier gezeigten Bilder, bei den Gäste eines Campingplatzes die medizinischen Rettungsmaßnahmen von Notarzt, Sanitätern und Feuerwehrangehörigen aus wenigen Metern Entfernung beobachten, verdeutlichen nur einen verschwindend geringen Teil dieser unangenehmen Spezies, die das Beobachten und Dokumentieren von Unfällen, menschlichen Leides und Tod offensichtlich zum „Freizeitvergnügen“ erheben und sich allen Bitten und Mahnungen gegenüber unansprechbar zeigen.

14. September 1995: „Einsatz für Florian Radolfzell: Schwerer Verkehrsunfall mit eingeklemmter Person!"

Um 11.35 Uhr ging der Alarm der Leitstelle bei der Feuerwehr Radolfzell ein. Auf der Landesstraße 226 in Richtung Steißlingen war aus zunächst unbekannten ein Kleinlieferwagen von der Straße abgekommen, hatte sich überschlagen und war auf dem Dach liegen geblieben. Der Fahrer wurde schwerverletzt in seinem Fahrzeug eingeklemmt.

Da sich die vom Anrufer unklar beschriebene Unfallstelle im Bereich der Zuständigkeitsgrenze zwischen den Städten Radolfzell und Singen befand, wurde parallel auch die Freiwillige Feuerwehr Singen alarmiert. Beide Wehren rückten mit VRW, TLF 16 beziehungsweise mit TLF 24/50, einem RW 2, einem RW-Kran und einem GW auf die L 226 aus. Ebenfalls aus Radolfzell und Singen rückte der DRK-Rettungsdienst mit NEF und zwei RTW aus.

Eine erste Erkundung ergab, dass der Lieferwagen unmittelbar unter einer Autobahnbrücke auf einer gemauerten Schräge neben der Fahrbahn zum Liegen kam. Das Fahrzeugdach war völlig eingedrückt, darunter eingeklemmt der sehr schwer verletzte Fahrer. Die notärztliche Erstversorgung, die Befreiung und die Rettung des Mannes aus dem Fahrzeugwrack erwiesen sich als ausgesprochen schwierig. So musste der Notarzt zunächst ins Innere des Fahrzeug klettern, um den mit seinen Beinen und einem Teil seines Rumpfes kompliziert Eingeklemmten medizinisch erstzuversorgen, zu intubieren und zu beatmen. Parallel dazu wurde das Unfallfahrzeug mit der Seilwinde des RW 2 aus Singen gesichert und vom RW-Kran der Feuerwehr Radolfzell leicht angehoben, so dass der eingeklemmte Fahrer durch den Einsatz des hydraulischen Schneidgerätes und eines Rettungsspreizers befreit werden konnte.

Der etwa 50 Jahre alte Mann wurde mit schweren Brustkorbverletzungen unter Notarztbegleitung ins Krankenhaus verbracht.

Ein umgestürzter und völlig zerquetschter Lieferwagen, darin eingeklemmt ein schwerstverletzter Fahrer –, so stellte sich die Lage bei Eintreffen der Feuerwehren aus Radolfzell und Singen an der Unfallstelle auf der Landesstraße 226 in Richtung Steißlingen dar.

Behutsam wurde versucht, das Unfallfahrzeug mit Hilfe des am Rüstwagen (RW-Kran/See) der Feuerwehr Radolfzell heckseitig angebrachten Krans sowie nach Sicherung durch die Seilwinde des RW 2 der Feuerwehr Singen leicht anzuheben. Der Notarzt begab sich danach in das Innere des Unfallfahrzeugs, um dort die medizinische Erstversorgung des schwerverletzten Fahrers vorzunehmen.
Später und durch den Einsatz von hydraulischem Gerät gelang es, den Schwerverletzten aus dem Fahrzeug zu befreien.

05. November 1995: „Einsatz für Florian Konstanz: Schwerer Verkehrsunfall, eingeklemmte Personen, Fahrzeuge in Vollbrand!“

Schwerverletzte, in ihren Unfallfahrzeugen eingeklemmte Personen ist das eine – ein zusätzliches Ausbrechen von Feuer das andere! So nachts um kurz nach drei Uhr auf der Bundesstraße 33 zwischen Allensbach und Konstanz. Genau um 03.04 Uhr alarmierte die Integrierte Leitstelle die Feuerwehr Konstanz – die Alarmierungsdurchsage war mehr als beunruhigend. Von einem „schweren Verkehrsunfall“ war die Rede, dazu von „eingeklemmten Personen“ und von Fahrzeugen, die im „Vollbrand“ stehen.

Die Freiwilligen Feuerwehren Konstanz und Allensbach rückten mit zwei ELW, einem VRW, RW 2, K-TLF, zwei LF 16 sowie einem LF 8 sowie der Rettungsdienst des DRK aus Konstanz und Radolfzell mit einem NEF und zwei RTW zur Unfallstelle aus. Die ersteintreffenden Einsatzkräfte sahen die von der Leitstelle übermittelte Lage bestätigt. Insgesamt waren fünf Fahrzeuge nach einem Frontalzusammenstoß im Gegenverkehrsbereich am Unfall beteiligt, zwei der Pkw gingen sofort in Flammen auf.

Verkehrsunfälle mit eingeklemmten Personen und zugleich brennenden Fahrzeugen gehören wohl zu den belastendsten Brand- und Rettungseinsätze für Feuerwehrangehörige und Rettungskräfte. Die Hoffnung auf Rettung von Menschenleben aus den brennenden Fahrzeugen und die Wahrscheinlichkeit von Tod liegen hier meist sehr eng beieinander.
So auch bei diesem schweren Verkehrunfall mit fünf Fahrzeugen auf der Bundesstraße 33 in Höhe von Allensbach. Bei Eintreffen der Feuerwehren an der Einsatzstelle standen zwei der Pkw in Vollbrand. Zwei Fahrzeuginsassen konnten sich selbst leicht verletzt befreien, für zwei weitere gab es keine Überlebenschance.

Während die beiden leicht verletzten Insassen des einen brennenden Fahrzeugs sich selbst befreien konnten, kam für die beiden anderen Insassen des zweiten Wagens jede Hilfe zu spät. Sie waren im brennenden Unfallwrack eingeklemmt und verbrannten noch, bevor die ersten Kräfte der Feuerwehr wirksam eingreifen konnten.
Für die Einsatzkräfte der Feuerwehren blieb – neben dem Aufnehmen und Entsorgen ausgelaufener Treib- und Schmierstoffe sowie dem Ausleuchten der Unfallstelle – nur noch die Bergung der bis zur Unkenntlichkeit verbrannten und völlig im Fahrzeugwrack eingeklemmten Toten.

Für die Insassen dieser Fahrzeuge (Bilder unten) kam jede Hilfe zu spät. Sie verbrannten ohne jede Chance einer Rettung. Die bis zur Unkenntlichkeit entstellten Toten mussten später von Feuerwehrangehörigen aus dem Fahrzeug geborgen werden – eine psychisch sehr belastende und zudem körperlich schwere Arbeit, die nur sehr erfahrenen Einsatzkräften zugemutet und übertragen werden kann.

Das Bild oben zeigt eines der ausgebrannten Fahrzeuge, aus dem sich Fahrer und Beifahrer rechtzeitig befreien konnten.

14. November 1996: „Einsatz für Florian Radolfzell: Schwerer Verkehrsunfall mit eingeklemmten Personen!"

11.06 Uhr – wieder einmal eine Alarmierung der Leitstelle, die mit Leid, Schmerz und Tod einhergeht! Und wieder einmal Unklarheit darüber, was die Einsatzkräfte wirklich erwartet.

Auf der autobahnähnlich ausgebauten B 33-neu beziehungsweise im Bereich der Anschlussstelle Radolfzell hatten zwei ältere Frauen mit ihrem Pkw die falsche Fahrtrichtung eingeschlagen und waren frontal mit einem entgegenkommenden Sattelzug zusammengestoßen.

Obwohl die Besatzung eines zufällig auf der Gegenfahrbahn befindlichen Notarztwagens sofort die Erstversorgung der schwerstverletzten und eingeklemmten Fahrzeuginsassen übernahm, kam jede Hilfe zu spät. Beide Frauen verstarben noch an der Unfallstelle.

Auch in diesem Fall blieb für die Kräfte der Feuerwehr nur noch die Bergung der beiden Toten aus dem Unfall-Pkw.

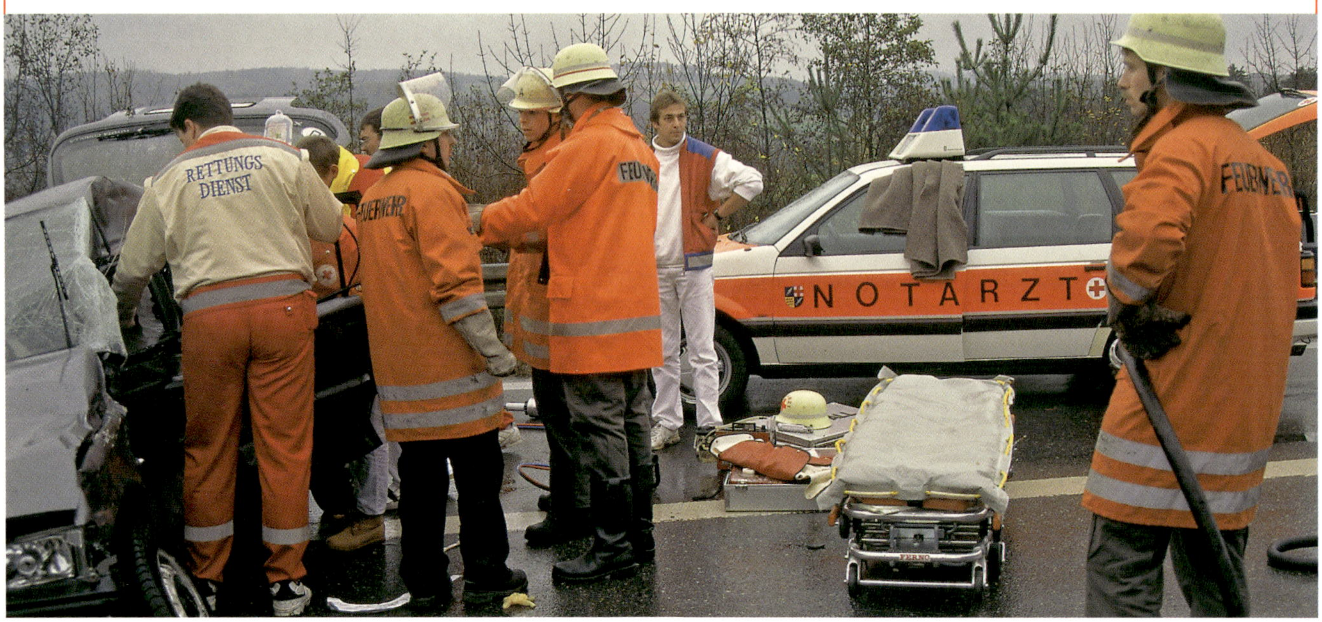

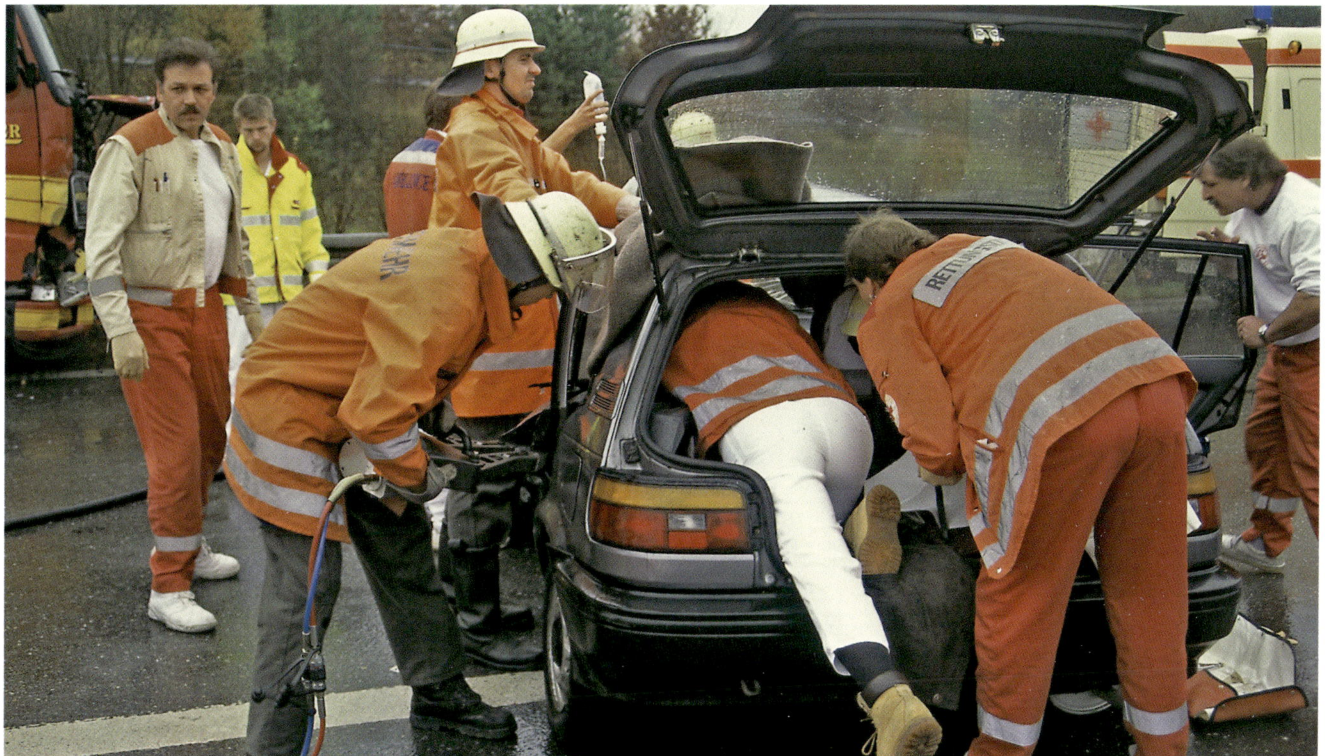

Auch bei diesem schweren Verkehrsunfall auf der Bundesstraße 33-neu war die Hoffnung der Rettungskräfte auf ein Überleben der Fahrzeuginsassen vergeblich. Zwei Frauen, die mit ihrem Fahrzeug auf der autobahnähnlich ausgebauten Straße die falsche Fahrtrichtung eingeschlagen hatten und mit einem Lastzug zusammengeprallt waren, wurden im Pkw eingeklemmt und verstarben trotz aller Bemühungen von Notarzt, Rettungsdienst und Feuerwehr noch an der Unfallstelle.

Der „alltägliche Wahnsinn auf Deutschlands Straßen!"! Dieser Einsatz der Feuerwehr Radolfzell auf der Bundesstraße 33-neu zwischen Radolfzell und Konstanz ging tagelang durch die Medien in ganz Deutschland und entfachte unzählige Diskussionen zum Thema „verbotene Autorennen" Jugendlicher. Ein solches Rennen mit weit überhöhter Geschwindigkeit hatte einen Crash eines der zwei beteiligten Fahrzeuge zur Folge, dabei ging der Pkw sofort in Flammen auf.
Bei Eintreffen der Feuerwehr Radolfzell stand der VW-Golf in Vollbrand. Ob sich noch Insassen im Fahrzeug befanden, war zu diesem Zeitpunkt noch unklar.

30. März 2007: „Einsatz für Florian Radolfzell: Nach Verkehrsunfall – Fahrzeug brennt!"

Feuerwehren müssen sich immer wieder und zunehmend auch mit dem „alltäglichen Wahnsinn" auf Deutschlands Straßen befassen. So bei einem Einsatz auf der Bundesstraße 33 zwischen Radolfzell und Allensbach. Dort verlor der Fahrer eines VW-Golf bei einem verbotenen „Autorennen" die Kontrolle über sein Fahrzeug, geriet ins Schleudern, kam von der Fahrbahn ab, riss ein großes Hinweisschild um und prallte danach in die Mittelleitplanke. Das Fahrzeug fing sofort Feuer. Die beiden Insassen des Golf wurden aus dem Fahr-

Einsatzkräfte der Feuerwehr Radolfzell leiteten umgehend einen Löscheinsatz ein. Erst später stellte sich heraus, dass beide Insassen vorher aus dem Fahrzeug geschleudert wurden. Einer der beiden jungen Männer verstarb im Krankenhaus an seinen schweren Verletzungen.

zeug geschleudert. Beide wurden verletzt, der Beifahrer schwer. Der 20 Jahre alte Mann verstarb trotz aller medizinischer Bemühungen von Notärzten und Rettungsassistenten an den Folgen seiner Verletzungen nach Einlieferung ins Krankenhaus. Um 18.40 Uhr ging der Alarm für die Feuerwehr Radolfzell ein. Bei Eintreffen an der Einsatzstelle mit dem VRW und zwei LF 16/12 stand der Unfallwagen in Vollbrand. Völlig unklar war für die ersteintreffenden Einsatzkräfte zunächst, ob sich noch Personen in dem brennenden Pkw befanden – eine vor allem psychisch äußerst belastende Situation für die Feuerwehrangehörigen. Erst nach einigen Minuten wurde bekannt, dass beide Fahrzeuginsassen bereits vor Ausbruch des Feuers aus dem Fahrzeugwrack geschleudert wurden. Vermutlich wäre andernfalls eine Rettung der Personen aus dem in Vollbrand stehenden Fahrzeug chancenlos gewesen – sie wären beide im Pkw verbrannt!

10. April 1997: „Einsatz für Florian Radolfzell: Nach Verkehrsunfall – Fahrzeug brennt!“

Dass die Feuerwehr nicht nur Tote bergen, sondern auch erfolgreich Leben retten kann, beweist dieser für alle Beteiligten erfreuliche Einsatz auf der Bundesstraße 34. Dabei ging ein schwerer Verkehrsunfall für einen etwa 60 Jahre alten Pkw-Fahrer relativ glimpflich aus. Bei einem Zusammenprall mit einem Lastzug kurz vor 11.00 Uhr wurde der Mann schwer verletzt in seinem Fahrzeug eingeklemmt, während das Fahrzeug sofort zu brennen begann.
Dass das Pkw-Wrack für den Schwerverletzten nicht zur tödlichen Falle wurde, war einem Angehörigen der Feuerwehrwehrabteilung Radolfzell-Markelfingen zu verdanken. Dieser hatte den Unfall aus nächster Nähe beobachtet und das Feuer mit mehreren Pulverlöschern unter Kontrolle halten können. Die um 10.57 Uhr alarmierte und nach wenigen Minuten mit dem VRW und einem Löschgruppenfahrzeug (LF 16/12) eintreffende Feuerwehr Radolfzell konnte das Fahrzeug entgültig ablöschen und die eingeklemmte Person befreien.

Sehr viel mehr „Glück als Unglück“ hatte der Fahrer dieses Pkw im Kreuzungsbereich der Bundesstraße 34 und 33-neu. Nach einem Zusammenstoß mit einem Lastwagen fing der Pkw Feuer, der Fahrer wurde schwerverletzt im Fahrzeug eingeklemmt.
Ein Angehöriger der Feuerwehrabteilung Radolfzell-Markelfingen, der zufällig den Unfall beobachtet hatte, erwies sich als „Retter in der Not“. Ihm gelang es, das ausbrechende Feuer mit Handfeuerlöschern solange unter Kontrolle zu halten, bis Kräfte der Feuerwehr Radolfzell eingetroffen waren, die den Fahrzeugbrand löschen und den Schwerverletzten befreien konnten.

Ein solcher Einsatz macht einmal mehr der weitgehend unbeteiligten Öffentlichkeit deutlich, wie wichtig und unverzichtbar Feuerwehren in den Städten und Gemeinden Deutschlands sind. Feuerwehren, die meist mit freiwillig tätigen Mitbürgern besetzt sind, die sich als „Freiwillige Feuerwehrangehörigen" in ihrer Arbeits- oder Freizeit – Tag und Nacht über täglich 24 Stunden hinweg – für die Notfallhilfe und Rettung von Mitbürgern und ihre Sachgüter engagieren. Ein solcher Einsatz und das relativ glückliche Ende motiviert aber auch die freiwilligen Feuerwehrangehörigen selbst, ihren Dienst an der Allgemeinheit engagiert weiterzuführen. Dank für ehrenamtliches Engagement ist eher selten, der gute Ausgang eines Einsatzes ersetzt hingegen ein persönliches Dankeschön.

Links: Rettung von Menschen und Menschenleben durch die Feuerwehr muss sich nicht nur im Rahmen brennender Häuser oder verunfallter Fahrzeuge bewegen. Hier beispielsweise geht es um die Rettung von Personen nach dem Zusammensturz eines Gebäudeteiles. Mit der Motorsäge versuchen Einsatzkräfte Holzbalken zu entfernen, um zwei darunter liegenden Personen zu befreien.

Unten und rechts: Menschenrettung in großem Ausmaß ist in der Regel bei Unfällen mit Flugzeugen, Eisenbahnen oder Schiffen angesagt. Flughafenfeuerwehren beispielsweise bereiten sich systematisch auf solche Rettungs- und Evakuierungsmaßnahmen aus Luftfahrzeugen vor, um Passagieren innerhalb von Sekunden und wenigen Minuten eine reale Überlebenschance zu bieten. Trainiert werden von Feuerwehrangehörigen auch immer wieder die Rettungs- und Bergungsmaßnahmen bei Flugzeugabstürzen. Wie notwendig solche Übungsszenarien sind, machte beispielsweise im Juli 2002 der Absturz zweier Flugzeuge bei Überlingen am Bodensee deutlich.

FEUERWEHR Notruf 112
Rauchen verboten

10. November 2007: „Einsatz für Florian Radolfzell: Verkehrsunfall mit eingeklemmter Person!“

Ebenfalls erfolgreich gerettet und aus seinem nach einem Überschlag auf dem Dach liegenden Pkw befreit werden konnte ein schwerstverletzter junger Fahrer auf der Bundesstraße 33 kurz vor dem Kreuz Hegau. Aus bisher noch unbekannten Gründen geriet das Fahrzeug bei stürmischem Wetter und leichtem Schneefall nach rechts von der Fahrbahn ab und blieb im angrenzenden Feld liegen.

Um 06.31 Uhr wurden die Feuerwehr Radolfzell und der Rettungsdienst des DRK von der Integrierten Leitstelle Konstanz alarmiert. Die ersten Einsatzkräfte fanden den auf dem Dach liegenden und völlig zerstörten Pkw mit dem eingeklemmten Fahrer vor. Erst durch das Herausschneiden einer Fahrzeugtüre mit hydraulischem Rettungsgerät gelang es, den Fahrer zu befreien. Noch an der Einsatzstelle wurde der junge Mann von der Notärztin und den Rettungsassistenten erstversorgt und danach ins Krankenhaus Singen verbracht.

Die Feuerwehr Radolfzell stellte neben den Rettungs- und Bergungsmaßnahmen den Brandschutz sicher, leuchtete die Unfallstelle aus und übernahm einen Teil der Verkehrssicherungsmaßnahmen.

In der Mehrzahl jedoch schaffen schwere Verkehrsunfälle die Voraussetzungen für Rettungseinsätze der Feuerwehren. Wie bei diesem Unfall auf der nachtdunklen Autobahn zwischen Radolfzell und Singen. In einem auf dem Dach liegenden und völlig zerstörten Pkw befand sich noch der Fahrer: schwerverletzt und eingeklemmt! Einsatzkräfte der Feuerwehr versuchen, die Person zu befreien. Dazu wurde die Unfallstelle ausgeleuchtet und hydraulisches Schneidgerät und ein Hydraulik-Spreizer des Vorausrüstwagens (VRW) eingesetzt.

FEUERWEHR
POLIZEI

Löschen – Abwehrender Brandschutz

Der sogenannte „Abwehrende Brandschutz" – das Löschen von Bränden – war und ist zum Teil noch immer die traditionell bekannteste und zugleich vorrangigste Aufgabe der Feuerwehr, wenngleich statistisch gesehen in vielen Bereichen die „Technische Hilfeleistung" (TH/THL) mittlerweile eine Vorrangstellung einnimmt.

Beim Löschen von Bränden (Schadensfeuer, Flammen) gilt es, den Verbrennungsvorgang durch das Unterbinden einer oder mehrerer Voraussetzungen zu unterbrechen, so durch den Entzug des Sauerstoffs, durch Reduzierung oder Entfernung brennbarer Materialien sowie durch den Entzug der Wärme (Herunterkühlen des Brandes).

Taktisch eingeteilt werden Brände (Schadensfeuer) üblicherweise in „Kleinbrände" (Kleinbrand A: Einsatz eines Löschgerätes; Kleinbrand B: Einsatz eines C-Rohres), Mittelbrände (Einsatz von bis zu drei C-Rohren) und Großbrände (Einsatz von mehr als drei C-Rohren, B-Rohre, Sonderlöscheinrichtungen, u.a.). Darüber hinaus werden Brände bestimmten Brandklassen zugeordnet:

- A: Brand fester Stoffe wie beispielsweise Holz, Stroh oder Textilien;
- B: Brand flüssiger Stoffe wie beispielsweise Benzin und Lacke;
- C: Gasbrände;
- D: Metallbrände;
- F: Brand von Speisefetten und Speiseölen.

Löschmittel werden eingesetzt, um brennende Stoffe unter Berücksichtigung ihrer Brandklasse und den jeweils vorherrschender Umfeldbedingungen zu löschen. Das am häufigsten eingesetzte Löschmittel zum Löschen von Feuer ist – auch historisch beziehungsweise traditionell gesehen – nach wie vor das Wasser (Löschwasser).
Neben dem Löschwasser stehen der Feuerwehr hinsichtlich ihrer taktischen Anwendung und ihrer individuellen Wirkung auf das Brandgut weitere unterschiedliche Löschmittel zur Verfügung. Bei der Auswahl und Anwendung von Löschmitteln ist ein hoher Grad von Erfahrung und individuelle Kenntnisse der Einsatzleitung beziehungsweise der Einsatzkräfte erforderlich.
So reagiert beispielsweise Speisefett und (Lösch-)Wasser mit verheerenden Folgen – es kommt zur sogenannten „Fettexplosion" mit in der Regel erheblicher Ausbreitung der Flammen und des Schadensfeuers. Auch bei Kaminbränden eingesetztes Löschwasser kann zur explosionsartigen Verdampfung und damit zur Zerstörung des Kamins sowie zur Ausbreitung des Feuers führen. Der Einsatz von Löschwasser im Bereich von Stromanlagen kann aufgrund der natürlichen Leitfähigkeit des Wassers zu elektrischen Schlägen führen.
Löschwasser kann in Verbindung mit Zusatzstoffen

Zu den wohl typischen Kleinbränden gehören die sogenannten Papiercontainer- oder Mülleimerbrände.

Schon optisch deutlich größer sind die „Mittelbrände". Sie erfordern den Einsatz von mindestens drei C-Rohren, auch zur schützenden Riegelstellung.

Bei Großbränden erfolgt in der Regel ein umfassender Löschangriff mit zahlreichen C- und B-Rohren, gegebenenfalls mit Wasserwerfern oder Sonderlöschanlagen (z.B. Schaum, Pulver).

zu individuell einsetzbaren Löschmitteln werden. So kann dem Wasser beispielsweise Netzmittel beigefügt werden („Light Water", AFFF), Schaummittelkonzentrat (Löschschaum durch Schaumbildner, Druckluftschaum: „Compressed Air Foam System"/CAFS). In Teilen Europas sowie in den USA werden chemische Zusätze zum Löschwasser zum „Retardant", das hauptsächlich zur Bekämpfung von Wald- und Flächenbränden eingesetzt wird (allerdings nicht in Deutschland!).

Weitere von der Feuerwehr eingesetzte Löschmittel sind Löschpulver (pulverförmige Chemikalie), Inertgase beziehungsweise Gase (u.a. Sauerstoff, Stickstoff, Kohlenstoffdioxid, Argon, Inergen, Halone) und Materialien für spezielle (Metall)Brände (zum Beispiel Sand, Salze, Zement).

Schaummittel werden bei bestimmten Brandarten, aber auch zur Vermeidung von übermäßigem Wasserschaden eingesetzt. In diesen Bereich gehören auch die in Löschfahrzeugen eingebauten Druckluftschaumanlagen (CAFS: „Compressed Air Foam System").

Die Feuerwehren im Einsatz

Die nachstehenden Seiten dokumentieren diesmal reale Brandeinsätze der Feuerwehren (vergleiche: Die Feuerwehren im Einsatz – Rettungseinsätze, Seite 99/100). Auch hier soll an Hand von Beispielen hauptsächlich aus dem Landkreis Konstanz gezeigt werden, was Feuerwehrangehörige überall in Deutschland erleben und zu bewältigen haben, wenn Menschen durch Feuer materiell zu Schaden kommen, verletzt oder gar getötet werden. Auch hier gilt: In vielen Fällen können Einsatzkräfte der Feuerwehren und der Rettungsdienste helfen, können gar Leben retten – in manchen Fällen jedoch kommt jede Hilfe zu spät.

Auch die nachfolgend gezeigten Bilder und Fakten wurden vom Autor Wolfgang Jendsch im Rahmen seiner hauptberuflichen Tätigkeit, im Rahmen der Einsatzdokumentation für die Feuerwehren des Landkreises Konstanz (Baden-Württemberg) sowie in seiner Funktion als Feuerwehr-Pressesprecher aufgenommen. Insbesondere die Bilder stellen dabei speziell auswählte Beispiele für die unterschiedlichen Einsatztätigkeiten zur abwehrenden Brandbekämpfung sowie zum Schutz von Hab und Gut von Menschen innerhalb der letzten zehn bis fünfzehn Jahren dar.

Bei den nachstehend dokumentierten Einsätzen der Feuerwehren bei Klein-, Mittel- und Großbränden werden vor allen Dingen die sogenannten „Löschzüge" der Feuerwehren eingesetzt, meist bestehend aus Löschgruppenfahrzeugen (LF 16/12), Tanklöschfahrzeugen (TLF 16, TLF 24/50) und Drehleiterfahrzeugen (DLK 23-12, DLK 23-12 SE). Bei größeren Brandeinsätzen werden meist auch Einsatzleitwagen (ELW) zur Funkkommunikation zwischen den Einsatzfahrzeugen und -kräften sowie Aufrechterhaltung der Kommunikation zwischen der Einsatzstelle und der Leitstelle eingesetzt. Weitere speziell ausgerüstete Feuerwehrfahrzeuge (zum Beispiel Gerätewagen/GW, Rüstwagen/RW) kommen dann zum Einsatz, wenn entsprechende Maßnahmen erforderlich werden.

Hinweis: Die in den Einsatz-Kurzberichten verwendeten Abkürzungen für die Einsatzfahrzeuge von Feuerwehr und Rettungsdienst können in der Auflistung auf Seite 229 zugeordnet werden.

Zu den wohl ärgerlichsten Brandeinsätzen der Feuerwehren gehören sicher die sogenannten „Mülleimerbrände" oder „Containerbrände". Meist sind die Folgeschäden eines nicht selten vorsätzlich entzündeten Feuers hoch: beispielsweise die Zerstörung der Behältnisse, Schäden an Gebäudemauern und Boden durch Rauch und Hitzeeinwirkung oder ein Übergreifen des Feuers auf Gebäude.

25. Juni 2006: „Einsatz für Florian Radolfzell: Containerbrand!"

Alarm nachts um 04.15 Uhr, Realschule Radolfzell: Zu den wohl ärgerlichsten Brandeinsätzen der Feuerwehren gehören sicher die sogenannten „Mülleimerbrände" oder „Containerbrände".
Meist waren es angetrunkene Jugendliche, die mutwillig und vorsätzlich die Behälter in Brand gesetzt haben –, nicht selten ist aber auch Sorglosigkeit im Umgang mit brennbaren Gegenständen oder heißer Asche Schuld daran, dass Abfalleimer in Brand geraten.
Obwohl es sich bei solchen Bränden in der Regel um relativ ungefährliche Kleinbrände handelt, kann es in Einzelfällen aber auch immer mal wieder zu größeren Schäden kommen, wenn das Feuer Gebäudefassaden oder Einfriedungen beschädigt.
Ärgerlich sind solche oftmals sich wiederholenden Containerbrände vor allem aber für die Feuerwehren, die mit großem Aufwand anrücken und die nicht selten ihre Arbeits- oder Freizeit für dieserart vorsätzliche Brandstiftung opfern müssen.

10. Dezember 1994: „Einsatz für Florian Singen: Wohnhaus in Vollbrand!“

Um 17.33 Uhr ging die Alarmierung der Leitstelle Konstanz bei der Feuerwehr Singen ein. Unweit von der hauptamtlich besetzten Wache der Wehr stand ein einstöckiges Wohnhaus in Vollbrand. Bewohnt wurde der schon etwas marode Altbau von einer sechsköpfigen Familie mit vier Kindern. Eine Siebenjährige hatte das Feuer im Kinderzimmer bemerkt. Eigene Löschversuche scheiterten. Bis die Feuerwehr gerufen wurde, hatte sich das Feuer bereits weit im Gebäude und im Bereich des Dachstuhls ausgebreitet. Die Familie selbst konnte sich dennoch rechtzeitig in Sicherheit bringen, während der Vater Brandverletzungen erlitt, als er im Haus lebende Tiere aus dem brennenden Gebäude holen wollte.
Die Feuerwehr Singen konnte mit zwei Löschzügen (u.a. mit TLF 16, LF 16, LF 16-TS, DLK 23-12, ELW) ein Übergreifen der Flammen auf Nachbargebäude verhindern. Nicht verhindert werden konnte jedoch der Totalschaden des Wohnhauses, der später mit rund 150.000 DM angegeben wurde. Die sechsköpfige Familie wurde obdachlos.

Löschangriff der Feuerwehr bei einem Dachstuhlbrand. Zum Einsatz hier kommt vorrangig die Drehleiter, über die naturgemäß eine besondere Erreichbarkeit der eigentlichen Brandstelle möglich ist. Zugleich kann das Feuer auch vom Boden aus bekämpft werden, wenn es sich – wie in diesem Fall – um ein nicht allzu hohes Gebäude handelt. Eine dritte Variante wäre der Innenangriff, der sich jedoch entscheidend nach der jeweiligen Sicherheits- und Gefahrenlage richtet.
Moderne Drehleitern sind heute so ausgestattet, dass Löschwasser über ein bereits fest am Leiterpark verlegtes Löschwasserrohr bis zum Leiterkorb gefördert wird. Von dort aus kann es über Strahlrohre oder Wasserwerfer zielgerichtet eingesetzt werden.

15. April 1995: „Einsatz für Florian Radolfzell: Gebäude-Vollbrand!"

Einen Gebäude-Vollbrand hatte auch die Feuerwehr Radolfzell zu bewältigen. Diesmal ging es um den Brand des Sportheims in Stahringen. Passanten hatten am späten Abend Feuerschein im Bereich des im Außenbereich der Stadt Radolfzell gelegenen Sportplatzes wahrgenommen. Um 22.10 Uhr alarmierte die Integrierte Leitstelle Konstanz die Abteilungen Kernstadt, Stahringen und Böhringen der Feuerwehr Radolfzell.

Rund 70 Einsatzkräfte rückten unter anderem mit Tanklöschfahrzeugen (TLF 16, TLF 24/50), Löschgruppenfahrzeugen (LF 16, LF 8) sowie mit der Drehleiter (DLK 23-12 SE) zur auf einem Höhenrücken über der Gemeinde gelegenen Brandstelle aus.

Bei Eintreffen der ersten Kräfte stand ein Teil des Vereinsheims bereits in Vollbrand, offene Flammen schlugen aus dem Dach. Die Einsatzleitung ließ die die Feuerwehr Singen nachalarmieren. Im Gebäude beziehungsweise auf dem Gelände des Sportvereins befanden sich keine Personen. Als schwierig erwiesen sich die Löscharbeiten, da über die Wasserversorgung nur ein mäßiger Wasserdruck aufgebaut werden konnte. Zudem befanden sich Gasflaschen im Gebäude, die jederzeit explodieren konnten.

Nach rund zwei Stunden gelang es den Feuerwehren, einen Teil des Holzgebäudes vor den schnell um sich greifenden Flammen zu schützen. Verletzt wurde bei dem Feuer niemand.

Das aus Holz gebaute Vereinheim eines Sportvereins stand bereits über weite Teile in Vollbrand, als die ersten Einsatzkräfte an der außerhalb des Ortsteils gelegenen Brandstelle eintrafen.

Ein erster Löschangriff wurde über tragbare Leitern (Steckleitern) vorgenommen – erfolgreich, wie die Bilder zeigen!

29. Juli 1995: „Einsatz für Florian Volkertshausen: Starke Rauchentwicklung Aussiedlerhof!“

„Starke Rauchentwicklung“ meldete die Leitstelle Konstanz um 12.43 Uhr bei der Alarmierung der Freiwilligen Feuerwehr Volkertshausen. Bereits unmittelbar bei Eintreffen der ersten Einsatzkräfte auf dem unweit der Gemeinde liegenden Aussiedlerhof wurde schnell klar, dass der mittlere Trakt eines relativ neuen Ökonomiegebäudes in Vollbrand stand.

Der Einsatzleiter ließ sofort das LF 16 der Freiwilligen Feuerwehr Mühlhausen-Ehingen sowie die Drehleiter der Feuerwehr Singen (DLK 23-12) nachalarmieren. Mit einem umfassenden Löschangriff – unter anderem auch über die DLK 23-12 sowie über eine Anhängeleiter – gelang es den Einsatzkräften, sowohl das Wohnhaus als auch die angrenzenden Stallungen mit rund 50 Kühen und Kälbern, den Melkstand, eine Brennerei sowie einen Teil des wertvollen Maschinenparks (u.a. einen Mähdrescher, Schlepper, Ackergeräte) vor den Flammen zu schützen. Trotz allem betrug der von der Polizei geschätzte Sachschaden rund 800.000 DM.

Bauernhöfe, die möglicherweise auch noch außerhalb der Ortsteile und Dörfer liegen, erweisen sich für die Feuerwehren regelmäßig als ein besonders kritisches Gefahrenobjekt. Problematisch in solchen Außenbereichen ist in vielen Fällen die Löschwasserversorgung, wenn sich im Umfeld der Höfe weder Hydranten noch offene Gewässer (Löschteiche) befinden. Wasser muss im Brandfall dann über „wasserführende Löschfahrzeuge“ (z.B. Tanklöschfahrzeuge, Abrollbehälter-Löschwasser, unter Umständen aber auch mit landwirtschaftlichen Tankwagen – ggf. im „Pendelverkehr“) herbeigeführt werden.

Darüber hinaus beinhalten landwirtschaftliche Gebäude – insbesondere Stallungen, Scheunen, Maschinenschuppen – immer besondere Gefahrenpotentiale. Ein Feuer in einer mit Stroh gefüllten Scheune kann sich sehr schnell ausbreiten, Düngemittel, Treibstoffe oder landwirtschaftliche Fahrzeuge innerhalb von Lagergebäuden können im Brandfall zu erheblichen Gefährdungen führen.
In vielen Fällen sind solche Ökonomiegebäude nicht mehr zu retten. Die Feuerwehr kann meist noch ein Übergreifen der Flammen auf die Wohnbereiche des Bauernhofes verhindern.

Das Bild unten zeigt eine Anhängeleiter (AL 18) beim Löscheinsatz. Insbesondere kleinere Freiwillige Feuerwehren verfügen noch über solche Geräte, die jedoch zunehmend ausgemustert werden. In besonderen Gefahrensituationen – und dazu zählt der Brand eines Bauernhofes generell – werden kleinere Wehren Unterstützung von Feuerwehren aus den nächstliegenden Gemeinden oder Städten (Stützpunktfeuerwehren) anfordern.

21. Dezember 1995: „Einsatz für Florian Radolfzell: Gebäudebrand!"

Die Weihnachtsvorbereitungen waren in vollem Gange – so auch beim Möbel-Abholmarkt am Stadtrand von Radolfzell, wo seit Tagen das Weihnachtsgeschäft lief.

Bis zum 21. Dezember – als am frühen Morgen um 04.58 Uhr der Alarm für die Feuerwehr Radolfzell einging! „Gebäudebrand" lautete zunächst die Alarmdurchsage. Als jedoch wenige Minuten später die ersten Kräfte an der Einsatzstelle im Gewerbegebiet Süd („Neu-Bohlingen") eintrafen, standen bereits zwei Drittel des weitläufigen, rund 1.600 Quadratmeter großen Hallenkomplexes in Vollbrand.

Die Einsatzleitung ließ sofort die Radolfzeller Feuerwehrabteilungen Stahringen, Güttingen und Möggingen nachalarmieren. Damit standen insgesamt nunmehr rund 100 Einsatzkräfte mit 15 Fahrzeugen zur Verfügung. Ihnen gelang es, den rückwärtigen großflächigen Lagerbereich vor den Flammen vollständig zu schützen. Völlig ausgebrannt waren hingegen die Verkaufsräume des Möbelmarktes.

Nach ersten Erkenntnissen der Feuerwehr und der Brandermittler waren Matratzen, die vor einem Nachtspeicherofen gelagert waren, durch Überhitzung in Brand geraten und hatten den Großbrand ausgelöst. Zudem waren ein Teil der Brandschutztüren im Verkaufsbereich des Möbelmarktes nicht geschlossen, so dass nicht zuletzt dadurch die schnelle Brandausbreitung gefördert wurde.

Der Sachschaden betrug rund fünf Millionen DM, davon entfielen allein rund zwei Millionen DM auf den Gebäudeschaden.

Gegen 07.00 Uhr konnten die Löscharbeiten weitgehend beendet werden, die Nachlöscharbeiten zogen sich noch bis gegen 15.30 Uhr hin. Personen kamen bei dem Feuer nicht zu Schaden.

Zu den besonderen taktischen und feuerwehrtechnischen Anforderungen der Feuerwehren gehören Großbrände – insbesondere aber Großbrände in Gewerbe- und Industriearealen. So kurz vor Weihnachten, als ein Möbelhaus in voller Ausdehnung brannte.

Die in den Vorweihnachtstagen randvoll mit brennbaren Materialien (Möbel, Stoffe) gefüllte Verkaufshalle bot den Flammen auf großer Fläche reichlich Nahrung, so dass die schnell übergreifenden Flammen und die enorme Hitze das Gebäude schon bald zum Einsturz brachten.

Trotz allem gelang es der Feuerwehr Radolfzell, ein weiteres, sich an den Brandkomplex anschließendes Lagergebäude gänzlich vor den Flammen zu schützen. Ein Übergreifen des Feuers hätte das Brandpotential nahezu verdoppelt – das Bild macht die Gefahr durch brandgefährdete Materialien deutlich.

Nicht nur bei Bränden dieser Größenordnung kommt der Einsatzleitwagen (ELW 1) zum Einsatz. Ein solches Fahrzeug ist mit Sprechfunk, Telefon, Telefax und internetfähigem Computer ausgerüstet. Die Besatzung stellt die Verbindung zwischen der Einsatzleitung und den Einsatzfahrzeugen sowie der Leitstelle sicher und führt die organisatorischen Anweisungen der Einsatzleitung aus.

Eigentlich sind Vegetationsbrände – insbesondere Wald- und Flächenbrände – im Südwesten Deutschlands beziehungsweise im Landkreis Konstanz eher selten. Trotzdem kommt es in den Uferbereichen des Bodensees immer wieder zu kleineren Schilfbränden, die von den Feuerwehren zu löschen sind. Eine Besonderheit hinsichtlich der Größe eines solchen Schilfbrandes war deshalb der nachstehende Einsatz, der deutlich machte, dass Großbrände eben nicht nur in Gebäuden ausbrechen können, sondern auch mitten in einem Naturschutzgebiet.

11. März 1996: „Einsatz für Florian Radolfzell: Schilfbrand!"

Zahlreiche Notrufe gingen – zum Teil aus der Region und der benachbarten Schweiz – bei der Leitstelle Konstanz in Radolfzell ein, als Bürger kurz vor Mitternacht einen riesigen Feuerschein wahrnahmen, der die gesamte Südspitze des Natur- und Vogelschutzgebietes Mettnau einschloss. Um 23.39 Uhr alarmierte die Leitstelle die Feuerwehr zu einem „Schilfbrand" auf der Bodensee-Halbinsel Mettnau. Als die Einsatzkräfte wenig später mit dem Kommandofahrzeug

Immer wieder kommt es an den Uferbereichen des Bodensees zu mehr oder minder großen Schilfbränden. Begünstigt durch oft böige Winde breiten sich solche Feuer meist rasend schnell aus. Sie können meist nur mit Mühe gelöscht werden, da die Zugänglichkeit im Bereich der weitläufigen Uferbereiche durch Wasser und Schlamm erheblich erschwert ist. Somit zerstören Schilfbrände nicht selten erhebliche Flächen landschafts- und naturgeschützter Landschaft, die vor allem seltenen Wasservögeln als Brut- und Lebensraum dient.

Eine solche Situation bot sich der Feuerwehr, als ein Schilfbrand im weitläufigen Natur- und Vogelschutzgebiet auf der Bodensee-Halbinsel „Mettnau" ausbrach. Nur mit Mühe gelang es, das Feuer zu löschen, bevor es den Großteil des Schilfgebietes verbrannt hätte.
Wie gefährlich und hitzeintensiv dieser Einsatz wird, wird durch das Bild auf Seite 88 deutlich. Zahlreiche Schutzbekleidungen der Einsatzkräfte wurden erheblich in Mitleidenschaft gezogen.

(KdoF), dem Einsatzleitwagen (ELW) sowie mit Tanklöschfahrzeug (TLF 16) und Löschgruppenfahrzeug (LF 16) auf der Mettnau eintrafen, standen bereits mehrere tausend Quadratmeter Schilffläche in Flammen. Haushohe Flammen und ein böiger Wind machten es den Löschkräften nicht leicht, die Flammen mit „Feuerpatschen" in Gewalt zu bekommen. Ein unmittelbares Anfahren der ausgedehnten Brandstelle mit Löschfahrzeugen war aufgrund der Tatsache, dass lediglich ein schmaler Fußpfad durch das Naturschutzgebiet führt, nicht möglich. Somit musste sich der Einsatz auf die „Feuerpatschen" und ohne Löschwasser beschränken.
Ein stundenlanger, bis an die körperlichen Grenzen gehender Einsatz gegen Flammen und Hitze zerstörte dabei nicht nur einen Teil des Naturschutzgebietes, sondern auch zahlreiche Einsatzjacken, Hosen und Stiefel der Löschkräfte.
Gegen 01.30 Uhr gelang es der Feuerwehr, die Flammen zu löschen. Angesichts zahlreicher weiterer Schilf- und Flächenbrände in diesen Tagen lag auch damals die Vermutung nahe, dass das Feuer vorsätzlich oder fahrlässig entzündet wurde.

03. August 1998: „Einsatz für Florian Radolfzell: Malerwerkstatt in Vollbrand!"

Großeinsatz für die Feuerwehr: Nach der Alarmierung um 01.48 Uhr rückten das Kommandofahrzeug (KdoF), der Einsatzleitwagen (ELW 1) sowie zwei LF 16, die DLK 23-12 SE, das TSF-W (K-TLF), ein Wechselladerfahrzeug (WLF), ein Gerätewagen (GW) sowie ein MTW zur Einsatzstelle inmitten einer engen und mehrstöckigen Hinterhofbebauung aus. Alarmiert wurde vorsorglich auch der Rettungsdienst aus Radolfzell und Singen mit dem NEF und drei RTW.

Mehrere Anrufer hatten der Leitstelle einen Großbrand beziehungsweise einen Gebäude-Vollbrand in einem Werkstatt- und Lagergebäude eines Maler- und Restaurationbetriebes gemeldet. Diese Meldungen bestätigten sich auch bei Eintreffen der ersten Einsatzkräfte. In Vollbrand stand ein zweistöckiges, in einen engen Hinterhof gebautes Gebäude. Daran unmittelbar anschließend standen mehrere mehrstöckige Büro- und Wohnhäuser, die durch die Flammen und die Strahlungshitze akut gefährdet waren. Durch die Einsatzleitung erfolgte unmittelbar danach die Nachalarmierung der Abteilung Markelfingen (TLF 16, LF 8).

Eine der ersten Einsatzmaßnahmen der Feuerwehr galt den Bewohnern des am meisten gefährdeten Wohnhauses. Insgesamt sieben Personen mussten über ein bereits verrauchtes Treppenhaus ins Freie geführt werden. Die Personen wurden von der Bereitschaft des DRK-Ortsvereins zunächst in einem Zelt untergebracht und betreut. Eine weitere Person wurde mit leichten Verletzungen ins Krankenhaus verbracht.

Der Feuerwehr bereitete die Brandstelle erhebliche Probleme. Die Löscharbeiten in einem nur schwer zugänglichen Hinterhofbereich erwiesen sich als ausgesprochen schwierig und gefährlich. Ein Löschangriff konnte nur von einer Seite her sowie eingeschränkt über die Drehleiter (DLK 23-12 SE) durchgeführt werden. Im Gebäude selbst befanden sich, neben einer erheblichen Brandlast durch Möbel und Holzvorräte, auch zwei Gasflaschen sowie brennbare Flüssigkeiten zur Holzbearbeitung.

Großbrände in landwirtschaftlichen Betrieben, in Industrieeinrichtungen, in Wald und Feld – solche Schadensereignisse stellen Feuerwehren immer wieder vor erhebliche Einsatzherausforderungen. Besonders schwierig und gefährlich zugleich aber wird es, wenn sich ein Großbrand in einem Gewerbebetrieb ereignet, der zudem in einem eng bebauten Wohngebiet liegt.
Bei Eintreffen der ersten Kräfte der Feuerwehr Radolfzell stand der Werkstatttrakt des Betriebes bereits in Vollbrand. Das Bild macht das erhebliche Gefahrenpotential deutlich: links ein mehrstöckiges Wohnhaus, im Bereich eines Hinterhofes das Brandobjekt, rechts davon direkt angebaut ein weiteres Werkstatt- und Betriebsgebäude, im rückwärtigen Bereich sowie rechts weitere Wohngebäude.

Durch einen umfassenden Löschangriff gelang es den Einsatzkräften innerhalb von rund eineinhalb Stunden, den Großbrand unter Kontrolle zu bringen. Die umliegenden Gebäude konnten – bis auf kleinere Schäden – vor der Einwirkung von Flammen und Hitze geschützt werden.

Darüber hinaus bestand eine erhebliche Ausbreitungsgefahr des Feuer auf die benachbarte Wohnbebauung sowie Einsturzgefahr für das Brandobjekt selbst.

Trotz der genannten Problematik und trotz bereits erfolgter Schäden am benachbarten Wohnhaus durch Flammen und Hitzeeinwirkung gelang es der Feuerwehr nach rund 1½ Stunden, den Großbrand unter Kontrolle zu bringen. Weitere Löscharbeiten zogen sich bis in den Vormittag hin.

Die Brandermittler der Kriminalpolizei nahmen noch in der Nacht ihre Arbeiten auf. Nach einem ersten Ergebnis wurde von Brandstiftung ausgegangen. Einen technischen Defekt als Brandursache schlossen die Ermittler aus.

Bereits im Laufe der Löscharbeiten zeigte sich, dass das Werkstattgebäude von akuter Einsturzgefahr bedroht war. Mauern und Träger hielten den Flammen und der enormen Hitze nicht stand, sie mussten von der Feuerwehr vorsorglich mit Stahlstützen gesichert werden, um die abschließenden Löscharbeiten im Gebäude durchführen zu können. Das solche Einsatzbedingungen natürlich auch erhebliche Gefahren für die Einsatzkräfte bieten, dürfte deutlich werden.

08. und 09. April 2000: „Einsatz für Florian Radolfzell: Gebäudebrand!"

Es war genau eine Minute nach Mitternacht (00.01 Uhr), als der Alarm der Leitstelle bei der Feuerwehr einging. „Gebäudebrand" im Bereich eines Wohnheimes einer Sozialeinrichtung, so die erste Information für die Einsatzkräfte, die bereits auf der Anfahrt in den Ortsteil Böhringen einen Gebäude-Vollbrand wahrnehmen konnten.
Der Einsatzleiter ließ sofort weitere Kräfte aus der Kernstadt sowie die Abteilungen Böhringen, Stahringen und Markelfingen nachalarmieren.
Bei Eintreffen an der Einsatzstelle wenige Minuten nach der Alarmierung stand ein außerhalb eines zweistöckigen Lager- und Werkstattgebäudes gelegener Lagerplatz bereits in Vollbrand. Das Feuer griff sehr schnell auf das Gebäude über, so dass die Außenfassade, ein Teil des Erdgeschosses und das Dachgeschoss vom Feuer innerhalb kurzer Zeit zerstört wurden.
Zum Teil erhebliche Probleme gab es für die Löschkräfte, nachdem sowohl der zentrale Strom-Verteilerkasten durch Materialien und Geräte verstellt und somit der Strom zur Sicherheit der Einsatzkräfte nicht umgehend abgestellt werden konnte –, als auch der Zugang zum Brandobjekt durch zugestellte Türen und Durchgänge erschwert wurden.
Da sich in dem Werkstatt- und Lagergebäude produktionsbedingt größere Mengen an Kartona-

Das zweistöckige Lager- und Werkstattgebäude einer Sozial- und Wohneinrichtung sowie einen davor gelegenen Lagerplatz betraf ein weiterer Großbrand im Radolfzeller Ortsteil Böhringen. Nur unter erheblich erschwerten Bedingungen konnte die Feuerwehr einen umfassenden Löschangriff im Außen- und Innenbereich vornehmen.

gen, Plastikmaterialien sowie brennbare Materialien (zum Beispiel Lacke) befanden, fand das Feuer dort sofort reichlich Nahrung.
Ein schneller und umfassender Löschangriff im Außen- und Innenbereich sowie über die Drehleiter konnte das völlige Niederbrennen des Gebäudes verhindern.
Gegen 01.30 Uhr wurde „Feuer aus!" gemeldet. Die Nachlöscharbeiten durch die Feuerwehrabteilung Böhringen dauerten bis weit in den Folgetag an. Heiminsassen und Arbeiter waren bei dem Großbrand nicht gefährdet.
Die Feuerwehr Radolfzell war mit den Abteilungen Kernstadt, Böhringen, Markelfingen und Stahringen sowie mit 14 Fahrzeugen und rund 70 Mann bis gegen 04.00 Uhr im Einsatz.

Zur Ermittlung der Brandursache wurde die Brandstelle durch die Kriminalpolizei beschlagnahmt. Die Ermittler gingen von vorsätzlicher Brandstiftung aus.

Es war wieder wenige Minuten nach Mitternacht in der Nacht zum 09.04.2000, als die Feuerwehr Radolfzell erneut nach Böhringen ausrücken musste. Diesmal brannten im ersten Obergeschoss des Werkstatt-Gebäudes dort abgestellte Einrichtungsgegenstände und Materialien. Der Verdacht der Brandstiftung erhärtete sich somit.

Auf einem außerhalb des Brandobjektes gelegenen Lagerplatz waren Betriebsfahrzeuge und Lagereinrichtungen vom Feuer bedroht oder standen zum Teil bereits in Vollbrand.

Gegen 01.30 Uhr konnte die Einsatzleitung der Feuerwehr Radolfzell „Feuer aus!" melden. Die Nachlöscharbeiten durch die Feuerwehrabteilung Böhringen dauerten bis weit in den Folgetag an.

Durch den schnellen und zielgerichteten Einsatz der Feuerwehr Radolfzell konnte ein Teil des Betriebsgebäudes vor den Flammen geschützt werden. Heiminsassen und Arbeiter waren bei dem Großbrand nicht gefährdet, verletzt wurde niemand.

18. Dezember 2007: „Einsatz für Florian Radolfzell: Brand Lagergebäude!“

Ein Großbrand zerstörte die Lagerhalle eines Baugeschäftes in der ehemaligen Markelfinger Kiesgrube völlig. Als die Feuerwehrabteilungen der Radolfzeller Kernstadt sowie aus Markelfingen und Möggingen um 20.01 Uhr alarmiert wurden, stand bereits eine weithin sichtbare Rauchsäule und Feuerschein über dem Anwesen. Bei Eintreffen der ersten Einsatzkräfte stand die komplette Lagerhalle in Vollbrand.

Eine besondere Gefahr für die Einsatzkräfte stellten während der ersten Löschmaßnahmen sowohl eine im brennenden Gebäude befindliche Gasflasche sowie ein etwa zur Hälfte gefüllter Dieseltank dar. Die Gasflasche konnte jedoch rechtzeitig aus dem Gebäude entfernt und der Tank ausreichend gekühlt werden. Eine ebenfalls im Brandbereich stehende Trafo-Station erwies sich nach Auskunft der Stadtwerke als stromlos.

Durch einen umfassenden Löscheinsatz unter Atemschutz gelang es der Feuerwehr, das Feuer bis gegen 21.15 Uhr unter Kontrolle zu bringen. Etwa eine Stunde später konnte „Feuer aus!“ gemeldet werden, nachdem ein Bagger einen Teil der Gebäudetrümmer entfernt hatte und letzte Glutreste gelöscht werden konnten. Die Wasserversorgung zur Einsatzstelle musste über Löschfahrzeuge, über einen Tankcontainer sowie von einem kleinen in der Kiesgrube liegenden Teich sichergestellt werden, nachdem sich im Bereich der Einsatzstelle keine Löschwasser-Hydranten befinden.

Bis zum Einsatzende um 23.30 Uhr waren die Feuerwehrabteilungen Radolfzell-Kernstadt, Markelfingen und Möggingen mit rund 70 Mann und zwölf Fahrzeugen im Einsatz.

Bisher völlig unklar ist die Brandursache. Beamte der Kriminalpolizei Konstanz haben noch während der Löscharbeiten ihre Ermittlungen aufgenommen. Verletzt wurde bei dem Brand niemand.

Nicht immer gelingt es den Feuerwehren, Gebäude oder Teile davon trotz eines Großfeuers noch vor den Flammen zu bewahren. So beim Brand einer Lagerhalle eines Bauunternehmens, die – bei Eintreffen der Feuerwehr in Vollbrand stehend – schon bald vollständig zusammenstürzte.

Als schwierig erwies sich der Einsatz aber trotzdem. Unter Atemschutz mussten Einsatzkräfte versteckte Brandstellen und Glutnester innerhalb des völlig zerstörten Areals ablöschen – eine Aufgabe, die später durch den Einsatz eines Baggers ein wenig erleichtert wurde, als dieser Teile des Brandschutts entfernte.

Während der Löscharbeiten wurde der Feuerwehr ein im Brandbereich befindlicher Treibstofftank gemeldet. Nach sofortiger Erkundung wurde der Tank zunächst gekühlt und die Umgebung später mit Hilfe von Schaummittelzusatz vollständig gelöscht. Damit war die zunächst erhebliche Explosionsgefahr gebannt.

Löscheinsatz unter erschwerten Bedingungen! Für die Einsatzkräfte erwies sich dieser Großbrand als langwierige und gefährliche „Plackerei“.

Es sind – Gott sei Dank – nicht immer die spektakulären Großbrände, die die Feuerwehren überall im Lande beschäftigen. Oftmals erfolgen die Alarmierungen zu den sogenannten Wohnungs-, Zimmer- oder Küchenbränden – Klein- oder Mittelbrände, die jedoch nicht selten zu immensen Schäden durch Feuer, Rauchablagerungen und Löschwasser führen.

Nicht selten sind vergessene Speisen auf dem eingeschalten Herd, unbeachtete Kerzen zur Advents- und Weihnachtszeit oder Defekte in elektrischen Leitungen Ursache für solche Brände. Mögliche Folgen wiederum sind Rauchgasvergiftungen der Bewohner, die Unbewohnbarkeit von Räumlichkeiten oder „nur" erheblicher Sachschaden.

Die Feuerwehren in Deutschland haben längst erkannt, dass freiwillig in den Wohnungen installierte Rauchmelder größere Schäden meist wirkungsvoll verhindern können. Insbesondere bei einem Brandausbruch in der Nacht stellen die kleinen batteriegetriebenen Geräte mit ihrem durchdringenden Warngeräusch eine Art „Lebensversicherung" für schlafende Hausbewohner dar.

Leider nur sehr zögernd erkennen allerdings die politisch Verantwortlichen in Deutschland die Notwendigkeit, per Gesetz und/oder Verordnung Rauchmelder in Gebäuden und Wohnungen einzubauen. Zum jetzigen Zeitpunkt haben erst sechs Bundesländer in Deutschland ein Gesetz zur Rauchmelderpflicht realisiert – alle anderen brauchen offensichtlich noch mehr „tödliche Beweise", um einen solchen notwendigen Schritt wahr zu machen. So gibt es eine gesetzliche Rauchmelderpflicht in Hessen (seit 2005), Mecklenburg-Vorpommern (seit 2006), Rheinland-Pfalz (seit 2003), Saarland (seit 2004), Schleswig-Holstein (seit 2004), Thüringen (seit 2008) sowie im Stadtstaat Hamburg (seit 2006) in der Regel für Neu-, Um- und Bestandsbauten mit entsprechenden Nachrüstpflichten längstens bis Ende 2014 (Hessen).

Angesichts von Wohnungs–, Gebäude- und Großbränden stellt sich natürlich die Frage, wie man sich wirksam vor solchen Schadensereignissen schützen kann. Während in Gewerbe- und Industrieeinrichtungen automatische Brandmelde- und Sicherheitseinrichtungen vorgeschrieben sind, hoffen Privatpersonen in der Regel, dass in ihrer Wohnung möglichst nichts passiert.
Dass solche Hoffnungen in hohem Maße trügerisch sein können, machen nicht nur die Brandstatistiken in Deutschland deutlich, sondern auch das hier quasi als Warnung vor Brandgefahren in Privaträumen veröffentlichte Bild. Es zeigt den Fundort einer Person, die es in Folge eines Schwelbrandes nicht mehr geschafft hat, vom rund fünf Meter entfernten Bett bis zum Telefon zu gelangen. Der Schwelbrand brach nachts in einem Schlaf- und Wohnraum aus. Als die Person aufwachte, versuchte sie noch, das wenige Meter entfernte Telefon zu erreichen. Aufgrund der eingeatmeten giftigen Rauchgase brach sie jedoch innerhalb kürzester Zeit zusammen und verstarb. Rußablagerungen schwärzten die gesamte Wohnung – rußfrei blieb nur die Stelle, an der die Person später von der Feuerwehr aufgefunden wurde. Oberhalb das Telefon, das beim Zusammenbrechen heruntergerissen wurde.

Das zuvor beschriebene Bild zeigt deutlich, dass im Brandfall innerhalb einer Wohnung oft nur wenige Minuten oder gar Sekunden zwischen Leben und Tod liegen. Einen einzig wirksamen Schutz vor sich in Wohnräumen ausbreitenden Rauch bieten sogenannte „Rauchmelder", die durch einen schrillen Alarmton frühzeitig eine Rauchausbreitung und damit einen Wohnungsbrand melden. Schlafende Personen werden dadurch geweckt und können frühzeitig die Örtlichkeit verlassen, bevor sie durch giftige Rauchgase handlungsunfähig oder getötet werden.

In Deutschland werden Rauchmelder in Privatwohnungen und -gebäuden leider nicht flächendeckend durch Gesetz vorgeschrieben – im Gegensatz beispielsweise zu den USA, wo diese kleinen „Lebensretter" in jeder Wohnung angebracht sein müssen.

Rauchmelder kosten nur wenige Euro und können technisch problemlos an geeigneten Stellen in der Wohnung angebracht werden. Eine kostengünstigere „Lebensversicherung" dürfte es ansonsten kaum geben!

Welches Ausmaß die zunächst meist relativ kleinen Wohnungs- oder Zimmerbrände annehmen können, dokumentieren die nachfolgenden Bilder anschaulich. Für die Feuerwehren sind solche Brände jedenfalls immer ein Grund zur Besorgnis, vor allem dann, wenn bei der Alarmierung unklar ist, ob sich noch Personen in den brandgefährdeten, verrauchten oder mit giftigen Gasen gefüllten Räumlichkeiten befinden.

Einen weiteren Bereich aus der tagtäglichen Arbeit der Feuerwehren stellen die Kraftfahrzeugbrände dar. Meist sind es technische Defekte, die Brände an Pkw oder Lkw auslösen können –, manchmal geraten Kraftfahrzeuge aber auch nach Verkehrsunfällen in Brand (siehe Kapitel „Die Feuerwehr im Rettungseinsatz"). Eines haben manche Ursachen jedoch in vielen Fällen gemeinsam: Die Flammen greifen oft blitzschnell auf alle Bereiche des Fahrzeug über, in vielen Fällen bleibt Insassen nur die schnelle Flucht.

Als eine Art „Panikmache" können Feuerwehren allerdings einen Vorgang bezeichnen, der häufig der Öffentlichkeit durch die Medien oder in Spielfilmen vermittelt wird: Das Explodieren eines Kraftfahrzeugs! Diese Falschinformation hält sich nachhältig und zahlreiche Filmregisseure brauchen offensichtliche solcherart „Action", um Interesse für ihre optischen Produkte zu gewinnen. Seitens der Feuerwehren kann diesbezüglich jedoch „Entwarnung" gegeben werden: Kraftfahrzeuge explodieren in der Regel nicht, auch wenn sie bereits lichterloh in Flammen stehen! Zu wirklichen Explosionen – so wie sie in Filmen gezeigt werden – kommt es nur in absoluten Ausnahmefällen, meist dann, wenn sich in der Ladung des Kraftfahrzeugs entsprechende brand- oder explosionsgefährliche Stoffe befinden. Ansonsten knallt es während eines Kraftfahrzeugbrandes manchmal durchaus mal recht laut – wenn beispielsweise Reifen platzen oder Windschutzscheiben zu Bruch gehen.

Vorsicht bei Kraftfahrzeugbränden ist somit allemal angebracht – „Panik" in aller Regel nicht. Für die Kfz-Insassen gilt immer, das Fahrzeug so schnell wie möglich zu verlassen, sich selbst in sichere Entfernung bringen – und möglichst schnell die Feuerwehr rufen!

Pkw-Brand auf der Bundesstraße 33-neu zwischen Radolfzell und Singen. Schon aufgrund der relativ langen Anfahrtszeit der Feuerwehr geling es nicht immer, das sich schnell auf das gesamte Fahrzeug ausbreitende Feuer rechtzeitig zu löschen. Nach dem Löscheinsatz kann häufig nur noch der Totalverlust des Fahrzeugs festgestellt werden.

Anders jedoch beim Brand dieses Kleintransporters, ebenfalls auf der autobahnähnlich ausgebauten B 33-neu. Durch einen schnellen Einsatz gelang es der Feuerwehr Radolfzell, den Kastenaufbau des Transporters sowie die gesamte Ladung vor den Flammen zu schützen.

An nahezu gleicher Stelle auf der B 33-neu brannte dieser Smart bei Eintreffen der Feuerwehr Radolfzell in voller Ausdehnung. Totalschaden – und daran änderte auch das im Laufe der Löscharbeiten „romantisch verschäumte" Fahrzeugwrack nichts!

Eines haben Fahrzeugbrände jedoch in vielen Fällen gemeinsam: Die Flammen greifen oft blitzschnell auf alle Bereiche des Fahrzeug über, in vielen Fällen bleibt Insassen nur die schnelle Flucht. So wie in diesem Fall, in dem das Feuer innerhalb von etwa einer Minute den gesamten Pkw erfasste.

In Brand geraten können natürlich nicht nur Pkw und Lkw, sondern gleichermaßen auch landwirtschaftliche Maschinen und Arbeitsgeräte. Diese forstwirtschaftliche Arbeitsmaschine beispielsweise konnte durch einen schnellen Einsatz der Feuerwehrabteilung Radolfzell-Markelfingen vor einem Ausbreiten der Flammen und damit vor einem erheblichen finanziellen Schaden bewahrt werden.

„Halb blieb er heil, halb sank er hin!" – in „sehr freier" Abwandlung eines bekannten Zitats kann vielleicht dieses Bild beschrieben werden. Ein schneller Löschangriff der Feuerwehr erreichte es, dass der Kleinwagen „nur" halb zerstört wurde. Ob das den Besitzer allerdings sehr viel glücklicher über dieses Brandereignis gemacht hat, bleibt hier ganz sicher offen?!

Kraftfahrzeugbrände in Garagen werden naturgemäß zur besonderen Herausforderung der Feuerwehr. Hier gilt es regelmäßig, ein Ausbreiten des Feuers auf das entsprechende Gebäude zu verhindern beziehungsweise das Eindrängen giftiger Rauchgase und den Rauch selbst in die bewohnten Räumlichkeiten zu verhindern. Für die Einsatzkräfte oftmals keine leichte Aufgabe – erst recht dann nicht, wenn Brandschutztüren oder Durchgänge zwischen Garage und Wohnbereich geöffnet sind.

Vollbrand eines vor einem Wohnhaus gelegenen „Carports" (weitgehend offener Kfz-Stellplatz), in dem mehrere Personenwagen untergestellt waren. Während der vordere Teil der Anlage sowie die dort abgestellten Pkw ein Raub der Flammen wurden, konnte der dahinter legende Teil von der Feuerwehr erfolgreich geschützt werden.

Die Annahme, dass ein in Brand stehendes Kraftfahrzeug explodieren könnte, hält sich in der Öffentlichkeit offensichtlich hartnäckig. „Action"-Filme und Krimis in Kino und Fernsehen tun dazu alles, um diese Annahme optisch zu unterstützen. Die dadurch ausgelösten Ängste verhindern leider immer wieder notwendige Rettungsmaßnahmen durch Passanten, wenn sich im brennenden Fahrzeug noch Personen befinden.
Dazu nunmehr an dieser Stelle eine klare Aussage: „Brennende Kraftfahrzeuge, selbst wenn sie bereits in Vollbrand stehen, können in aller Regel nicht explodieren!". Während eines Feuers möglicherweise hörbare Knallgeräusche sind keine Explosionen, sondern bestenfalls die akustische Auswirkung von zerplatzenden Fensterscheiben oder Reifen.

Neben den zuvor gezeigten Kraftfahrzeugbränden haben es die Feuerwehren immer wieder mit andersartigen Bränden zu tun – in Brand geraten kann nahezu alles, und in unserer unmittelbaren Umgebung befinden sich meist unzählige brennbare Materialien und Stoffe, mit denen sich die Feuerwehr im Notfall auseinander setzen muss. So wie dieses Altreifen-Lager im Radolfzeller Gewerbegebiet, das in voller Ausbreitung in Brand geriet.

In Stockach beispielsweise ging das Polizeirevier in Flammen auf. Das Gebäude wurde durch Brandeinwirkung und Löschwasserschäden weitgehend zerstört. Das Bild zeigt das Feuer im Bereich des Dachstuhls bei Eintreffen der ersten Löschfahrzeuge.

Vollbrand eines Ökonomiegebäudes in Radolfzell am Bodensee. Das vollständig aus Holz konstruierte Haus brannte trotz eines umfassenden Löscheinsatzes der Feuerwehr vollständig nieder.

Eine brennende Gasleitung – für die Feuerwehr eine sicherlich nicht leichte Herausforderung. Durch den Einsatz mehrerer Pulverlöscher gelang es in diesem Fall, das Feuer innerhalb kürzester Zeit zu löschen. In anderen Fällen muss sicherlich ein umfangreicherer Löschangriff durchgeführt oder das Gas kontrolliert abgebrannt werden.

In ländlichen Gegenden passiert es zur Erntezeit immer wieder, dass Stoppelfelder, trockene Wiesenflächen oder Strohballen in Brand geraten (oder gesetzt werden!). Für die Feuerwehren bedeutet das in der Regel lange Einsätze, bis das brennbare Material auseinandergezogen und sorgfältig abgelöscht ist.

Einsatz eines Löschfahrzeug beim Brand eines Ökonomiegebäudes im Rahmen der Überlandhilfe. Nicht ungefährlich sind solche Einsätze für alle Beteiligten immer dann, wenn sie nachts in nahezu unbeleuchteter Umgebung durchgeführt werden müssen – wie hier auf einem Bauernhof auf der "Höri".

Gemeinsam im Kampf gegen das Feuer! Auch ganz vorn – am wasserführenden Strahlrohr – bilden Einsatzkräfte ein „Team“, auf das sie sich immer und in jeder noch so kritischen Situation verlassen können müssen.

Dräger
Dräger
Dräger
Dräger

Einsatz im Bereich einer Abfallverwertungsanlage. Mühsam muss das Altmaterial auseinander gezogen werden, um an versteckte Glutnester gelangen zu können.
Unter Atemschutz sind diese Arbeit besonders anstrengend – körperliche Fitness ist gerade hier (wie letztendlich aber auch in allen anderen Bereichen des Feuerwehrdienstes!) von besonderer Bedeutung.

Bild rechte Seite: Löscheinsatz unter Atemschutz vom Korb der Drehleiter aus!

Löscharbeiten im Bereich eines Dachstuhls! Hier haben Einsatzkräfte besondere Gefahren zu beachten und für eine größtmögliche Eigensicherung zu sorgen. „Teamarbeit" unter den Feuerwehrangehörigen ist unverzichtbar – einer sichert und beobachtet den anderen, man muss sich zu jeder Zeit aufeinander verlassen können.

Führungskräfte (im Bild rechts) überwachen im Einsatz die Maßnahmen der von ihnen eingesetzten Feuerwehrmänner und -frauen und sind zudem für ihre Sicherheit verantwortlich.

Auch in diesem Fall geht es um das Löschen in Brand geratenen „Recycling-Materials". Brennende Stellen wurden zuvor mit Schaum abgedeckt, weiterer Löschmaßnahmen sollen letzte Glutnester beseitigen. Solche Arbeiten lassen sich in der Regel nur unter Eigensicherung – dass heißt durch das Anlegen eines Atemschutzgerätes – durchführen.

Zimmerbrand im Dachgeschoss eines Wohnhauses in Büsingen. Die kleine Gemeinde in Baden-Württemberg liegt inmitten des Schweizer Hoheitsgebietes unweit von Schaffhausen. Die dortige Freiwillige Feuerwehr kann im Notfall auf die Unterstützung ihrer Kameraden aus Schaffhausen oder Diessenhofen rechnen – grenzüberschreitende Nachbarschaftshilfe, auch wenn die Schweiz bisher nicht der „Europäischen Union" (EU) beigetreten ist.

Zimmerbrände nehmen nicht selten verheerende Ausmaße an, wenn sich Schwelbrände und Flammen schnell in den Räumlichkeiten ausbreiten können. Die Bilder zeigen die immensen Schäden an Mobiliar, Einrichtungen und Gebäudestruktur. Immer wieder kommt es dabei auch zu Personenschäden. Menschen erleiden zum Teil schwerwiegende Verbrennungen oder sterben – letzteres eher an giftigen Brandgasen als durch die Einwirkung des Feuers. Rauchmelder können hier zum „Lebensretter" werden (siehe auch Seite 158/159).

Brände innerhalb von Küchen sind häufig auf Fahrlässigkeit zurückzuführen: Auf dem Herd eingeschaltete stehende Speisen werden vergessen, es kommt zur starken Rauchentwicklung durch verbranntes Essen, zunehmende Hitze setzt Küchenmöbel, Räume und im schlimmsten Fall die gesamte Wohnung in Brand!

Wenn Zimmerbrände auf das gesamte Anwesen übergreifen, wird oft der einzige Fluchtweg durch das Treppenhaus versperrt. Insbesondere hölzerne Treppenhäuser stellen in solchen Fällen eine erhebliche Gefahr dar. Alte Dielen, Treppenstufen oder Geschossdecken sind unter Umständen besonders brandgefährdet. Betroffene Bewohner müssen sich über andere Wege retten oder aber das Eintreffen der Feuerwehr an sicherer Stelle innerhalb des Gebäudes abwarten.

Die Drehleiter der Feuerwehr bietet bei Zimmer- und Wohnungsbränden oft die einzige Flucht- und Rettungsmöglichkeit.

Nun, eigentlich gibt es kaum etwas was nicht brennt – die Feuerwehren jedenfalls müssen sich mit Bränden aller Art auseinandersetzen, so beispielsweise Dachstuhlbrände, Wald- und Flächenbrände, Brände von Gartenhütten und Geräteschuppen, Abfallbränden, Kellerbränden, Balkonbränden, usw..
Auch dazu nachstehend einige Bildbeispiele im Rahmen der Einsatzdokumentation.

Kaminbrände gehören ebenfalls zum Einsatzspektrum der Feuerwehren. Unzureichende Kaminpflege, falsches Brennmaterial oder sonstige Schäden führen zum Brennen der im Kamin befindlichen Rußablagerungen. Feuer und Rauchgase können auf die Wohnungen beziehungsweise auf das Gebäude übergreifen.
Die Feuerwehr wird in solchen Fällen nicht mit Wasser löschen – seine Einwirkung würde die Kaminanlage zerstören und die Ausbreitungsgefahr des Feuers erhöhen. Zusammen mit einem Kaminfegermeister wird meist die Abzugsanlage ausgeräumt, gereinigt und die möglichen Schäden festgestellt.

Neben zahlreichen anderen Brandarten sollen an dieser Stelle die Wald- und Flächenbrände nicht vergessen werden. Mit zunehmend wärmeren und trockeneren Witterungsbedingungen kommt es immer häufiger zu Heckenbränden, Baumbränden, zum Brand ganzer Wiesen- oder Strohflächen, nicht zuletzt auch zu weitläufigen Waldbränden. Neben wasserführenden Fahrzeugen (Tanklöschfahrzeuge, spezielle Waldbrand-Löschfahrzeuge) ist für Einsatzkräfte nicht selten „Handarbeit" angesagt: mit sogenannten „Feuerpatschen" (im Bild) werden die Flammen ausgeschlagen und das Feuer „erstickt".

Bergen – Sachgüter, Leichen

Unter „Bergen" verstehen Feuerwehren das Entnehmen, Befreien und Sicherstellen von Sachgütern und Toten, nicht jedoch das Befreien von lebenden Menschen und Tieren aus Notsituationen (siehe auch Abschnitt „Retten – Abwendung von Gefahren für Menschen").
Die in der Praxis sowie für Außenstehende und für manche Feuerwehrangehörige gleichermaßen etwas verwirrenden Definitionen beruhen einerseits auf der Feuerwehrdienstvorschrift (FwDV 2, 2.2.1 Truppmannausbildung Teil I), in der Bergung als „Bergung von Sachen" (Teil I Rahmenrichtlinien) und „Rettung" als „Tätigkeit zur Befreiung von Personen aus lebensbedrohlichen Zwangslagen und In-Sicherheit-Bringen von Personen" definiert wird.
Das Wörterbuch der „Ständigen Konferenz für Katastrophenvorsorge und Katastrophenschutz" (SKK) definiert andererseits „Bergen" als eine „Befreiung von Lebewesen (Mensch und Tier) aus einer nicht lebensbedrohlichen Lage, die jedoch ihre Bewegungsfreiheit einschränkt".

Die Feuerwehren im Einsatz

Auch der Bereich der Bergung im Rahmen von realen Feuerwehreinsätzen soll auf den nachstehenden Seiten dokumentiert werden. (vergleiche: Die Feuerwehren im Einsatz – Rettungseinsätze Seite 95, Brandeinsätze Seite 136). Auch hier handelt es sich weitgehend um Einsatzbeispiele aus dem Landkreis Konstanz, die jedoch „stellvertretend" für die Arbeit der Feuerwehren und der Einsatzkräfte überall in Deutschland verstanden werden sollen.
Im Gegensatz zu den Rettungs- und Brandeinsätzen können Einsatzkräfte der Feuerwehren bei Bergungseinsätzen kein Leben mehr retten – es geht hier in der Regel um Tote und Sachwerte zu bergen. Auch die nachfolgend gezeigten Bilder und Fakten wurden vom Autor Wolfgang Jendsch im Rahmen der Einsatzdokumentation für die Feuerwehren des Landkreises Konstanz (Baden-Württemberg) aufgenommen. Insbesondere die Bilder stellen dabei speziell auswählte Beispiele für die unterschiedlichen Einsatztätigkeiten zur abwehrenden Brandbekämpfung sowie zum Schutz von Hab und Gut von Menschen innerhalb der letzten zehn bis fünfzehn Jahre dar.
Bei den nachstehend dokumentierten Einsätzen der Feuerwehren kommen hauptsächlich technische Sonderfahrzeuge zur Anwendung, beispielsweise Kranfahrzeuge, Rüstwagen, Gerätewagen oder Feuerwehrboote.

Hinweis: Die in den Einsatz-Kurzberichten verwendeten Abkürzungen für die Fahrzeuge von Feuerwehr und Rettungsdienst können in der Auflistung auf Seite 229 zugeordnet werden.

Retten, Löschen, Bergen und Schützen – diese vier Begriffe greifen in der Praxis bestimmter Feuerwehreinsätze oftmals eng ineinander. Bei diesem Verkehrsunfall beispielsweise galt es zunächst, eine eingeklemmte und verletzte Person aus dem Unfallfahrzeug zu retten, darüber hinaus vorsorglich den Brandschutz im Bereich der Unfallstelle sicher zu stellen. Das „Bergen" bezog sich insbesondere auf die Ladung eines der unfallbeteiligten Fahrzeuge: „Bergen von Gefahrgut" hieß die Aufgabe für die Einsatzkräfte.

23. Januar 1993: „Einsatz für den Gefahrgutzug Konstanz: Bergung von Gefahrgut nach Verkehrsunfall!"

Um 09.10 Uhr wurde die Freiwillige Feuerwehr Stockach auf die Bundesstraße 31 zu einem Verkehrsunfall mit eingeklemmter Person alarmiert. Ein Pkw-Fahrer hatte auf der Strecke von Stockach in Richtung Ludwigshafen in Höhe der Abzweigung nach Laubegg einen Lastzug überholt. Während des Überholvorgangs kam ihm ein Klein-Lkw entgegen. Es kam zu einem Streifvorgang, bei dem der Klein-Lkw auf die linke Fahrbahnseite geriet und dort mit einem entgegenkommenden Pkw mit Anhänger zusammenstieß. Bei dem Zusammenstoß wurden der Fahrer des Klein-Lkw und der Pkw-Fahrer schwer verletzt. Der Pkw-Fahrer musste durch die Feuerwehr Stockach und mit Hilfe von schwerem Rettungs- und Bergungsgerät aus seinem Fahrzeug befreit werden.
Durch den Aufprall wurde die Ladung des Klein-Lkw, bestehend aus unterschiedlichen Kanistern mit Reinigungsmitteln, auf die Fahrbahn gewor-

fen. Dabei brachen einige Gebinde auf, der Inhalt ergoss sich auf die Fahrbahn und drang teilweise in das Erdreich am Fahrbahnrand ein.

Mindest eines dieser Reinigungsmittel enthielt das stark ätzende Kaliumhydroxid. In Verbindung mit Wasser entwickelt die Chemikalie gefährliches Knallgas.

Aus diesem Grund wurde der Gefahrgutzug der Feuerwehr Konstanz, das Wasserwirtschaftsamt des Landkreises sowie die untere Wasserbehörde beim Landratsamt Konstanz alarmiert.

Nach genauerer Untersuchung aller Kanister und deren Inhalte durch Einsatzkräfte des Gefahrgutzuges wurde die komplette Ladung in Auffangbehältern gesichert, zwischengelagert und später zur fachgerechten Entsorgung gebracht.

Auf Anordnung der zuständigen Behörden wurde das verseuchte Erdreich abgetragen und vorschriftsmäßig entsorgt. Eine Gefahr für die Bevölkerung und das Grundwasser bestand nicht.

Unter Hinzuziehung des Gefahrgutzuges der Feuerwehr Konstanz mussten die Kanister von den Einsatzkräften gesichert, zwischengelagert und später zur fachgerechten Entsorgung gebracht werden.

Durch den Aufprall der Unfallfahrzeuge wurden unterschiedliche Kanister, deren Inhalt zunächst unklar war, auf die Fahrbahn geworfen. Einige Gebinde brachen auf und ihr Inhalt drang teilweise in das Erdreich am Fahrbahnrand ein. Mindest eines dieser Reinigungsmittel enthielt das stark ätzende Kaliumhydroxid.

13. Juli 1993: „Einsatz für die Ölwehr Radolfzell: Motoryacht gesunken!“

Die Stadt Radolfzell und zahlreiche weitere Gemeinden des Landkreises Konstanz liegen unmittelbar am Ufer des Bodensees. Damit ist klar, dass die Feuerwehren auch für die unterschiedlichsten Notfälle auf dem Wasser gerüstet sein müssen. Insbesondere für den Schutz des „Trinkwasserspeichers“ Bodensee stehen im Landkreis die Ölwehren Radolfzell und Konstanz mit der entsprechenden fahrzeugtechnischen Ausstattung (u.a. RW-See, GW-T, Ölsperren-Anhänger, MZB) zur Verfügung.
Der Alarm der Leitstelle Konstanz ging um 11.00 Uhr bei der Feuerwehr Radolfzell ein. Gemeldet wurde eine im Sinken befindliche Motoryacht im Hafen von Gaienhofen, etwa zehn Kilometer weit von Radolfzell gelegen. Die Freiwillige Feuerwehr der Gemeinde Gaienhofen war bereits im Einsatz.
Die Radolfzeller Ölwehr rückte mit dem ELW, dem GW-Öl mit einem Ölsperren-Anhänger, dem RW-See und einem auf einem Trailer gelagerten

Feuerwehren am Bodensee – und nicht nur dort – haben immer wieder auch mit der Bergung havarierter und gesunkener Boote zu tun. Dabei gilt es hauptsächlich, den See und Trinkwasserspeicher vor Verschmutzungen durch austretende Treib- und Schmierstoffe zu schützen. Zum Einsatz kommen in solchen Fällen vor allem die „Ölwehrstützpunkte Bodensee“ der Feuerwehren.

MZB nach Gaienhofen aus. Weiteres Personal sowie die Sicherstellung des Brandschutzes kam von der Freiwilligen Feuerwehr Horn (LF 16).
Nach eingehender Überprüfung der Lage vor Ort wurde festgestellt, dass die bis zu den Aufbauten gesunkene Motoryacht infolge des Niedrigwassers bereits auf dem Seegrund auflag. Ein weiteres Sinken war nicht zu befürchten. Damit entfielen für die Feuerwehr weitere Bergungsmaßnahmen.
Durch Auslegen einer Ölsperre um das Boot konnte sichergestellt werden, dass sich eventuell auslaufende Treibstoffe nicht auf den See verteilten.
Die Bergung der Motoryacht wurde später von einem beauftragten Fachunternehmen vorgenommen.

Einsatz für die „Ölwehr Bodensee" der Feuerwehr Radolfzell! Bei Bootshavarien mit der Gefahr auslaufender Gefahrstoffe rücken der Rüstwagen-See (RW-See/Kran; im Bild links; zwischenzeitlich ersetzt durch den GW-T/Kran), Ölsperrenanhänger und Mehrzweckboote (MZB) aus.

Im Bild die Wasserung eines der bei den Ölwehren vorhandenen Mehrzweckboote (MZB), die speziell für die Arbeitsbedingungen im Flachwasserbereich des Bodensees konzipiert wurden. Die Boote dienen zum Auslegen der Ölsperren, können durch ihre mitgeführte Tragkraftspritze (TS 8/8) aber auch für Löschaufgaben eingesetzt werden.

Vom Mehrzweckboot (MZB) der Feuerwehr aus wird die Ölsperren rund um die havarierte Yacht gelegt. Die möglicherweise aus dem halb gesunkenen Boot auslaufenden Treibstoffe werden so eingegrenzt und verunreinigen nicht die umgebende Wasserfläche des Sees.

Eingeklemmte und/oder verletzte Personen werden gerettet, Tote werden geborgen – so die fachliche Terminologie im Feuerwehrwesen. Dort also, wo eine Leitstelle die Feuerwehr zur „Personenbergung" alarmiert, handelt es sich immer um den generell belastenden Umgang mit Toten. So auch in diesem Fall nach einem Kranunfall, bei dem der Kranführer zu Tode kam.

24. Januar 1995: „Einsatz für Florian Radolfzell: Nach Arbeitsunfall Leichenbergung!"

Einer der schwersten und zugleich psychisch belastendsten Einsätze der letzten Jahre musste die Feuerwehr Radolfzell in der Gemeinde Iznang absolvieren. Im Rahmen der Überlandhilfe alarmierte die Integrierte Leitstelle Konstanz um 12.22 Uhr zu einem Arbeitsunfall, bei dem eine Person von einem Baukran gestürzt sei. Von der Stützpunkt-Feuerwehr Radolfzell kam in diesem Fall die Drehleiter (DLK 23-12 SE) zum Einsatz, zudem der RW 2 und ein ELW.
Vor Ort erwartete die Einsatzkräfte ein grausames und zugleich bedrückendes Szenario. Möglicherweise auf Grund eines technischen Defektes war der Ausleger eines Teleskop-Gittermastkrans abgeknickt und auf die Straße gestürzt. Bei dem Aufprall hatte sich dann vermutlich der obere Teil des Gittermastes aus seinen Sicherungen gelöst und war in den unteren Teil gerutscht. Der Kranführer, der sich inmitten des Kranaufbaus befand, wurde durch das herabfallende Gitterteil geköpft und zugleich im Mittelteil des Krans eingeklemmt.

Staatsanwaltschaft und Bauaufsichtsbehörden benötigten rund zwei Stunden, um den Ablauf der tödlichen Geschehnisse zu untersuchen und eigentliche die Unfallursache ausfindig zu machen. Für die Einsatzkräfte der Feuerwehr war das eine psychisch sehr belastende Wartezeit, da sowohl der leblose Körper des Getöteten als auch die abgeschlagenen Extremitäten unberührt vor Ort verbleiben mussten.
Gegen 16.00 Uhr wurde dann die Unfallstelle von der Staatsanwaltschaft freigegeben. Über die Drehleiter erfolgte daraufhin die technisch ausgesprochen schwierige Bergung des Toten sowie am Boden das Aufnehmen von Körperteilen sowie die detaillierte Reinigung der Umgebung.
Die Bilder der belastenden Details dieses Einsatzes blieben bei einigen Feuerwehrangehörigen noch wochenlang in der Erinnerung und beeinträchtigten nachweislich das alltägliche Leben.

Es dürfte jedem klar sein, dass solche Aufträge zur Bergung von Leichen auch für „gestandene" Feuerwehrangehörige psychisch ausgesprochen belastend sind. Trotzdem gehören Bergungen dieser Art zu den Aufgaben sowohl der Berufs- als auch der Freiwilligen Feuerwehren in Deutschland.
Anmerkung: Es geht an dieser Stelle nicht darum, optische Belege des Grauens zu präsentieren. Darum und aus Gründen der Ethik wurden die entsprechenden Bildbereiche optisch unkenntlich gemacht. Die Erwähnung solcher Einsätze allerdings wird den Aufgaben der Feuerwehren gerecht und sollte in diesem Kapitel nicht ausgeschlossen werden.

Durch das Herabstürzen eines Kransegments wurde eine Person tödlich verletzt und im Mittelbereich des Turmaufbaus (optisch unkenntlich gemacht) eingeklemmt. Feuerwehrangehörige mussten den Leichnam aus dieser Position bergen.

11. September 1995: „Einsatz für Florian Bodman: Leichenbergung in Steilgelände!"

Leichenbergungen gehören immer wieder zur Arbeit der Feuerwehren, insbesondere wenn sich steile Landschaften und größere Gewässer in deren Zuständigkeitsbereichen befinden.
So lautete auch der Auftrag mit der Alarmierung der Freiwilligen Feuerwehr Bodman-Ludwigshafen um 18.02 Uhr. Kurz zuvor hatte ein Suchhund der Rettungshundestaffel des DRK-Kreisverbandes einen bereits stark verwesten Toten unterhalb einer Steilwand ausgemacht. Dabei handelte es sich um einen seit etwa vier Wochen aus Bodman vermissten jungen Mann, der bereits zuvor vergeblich im felsigen Steilgelände der „Marienschlucht" oberhalb des Bodenseeufers gesucht wurde.
Den Angehörigen der Bodman-Ludwigshafener Feuerwehr kam nun die wenig angenehme Aufgabe zu, bei Dunkelheit die sterblichen Überreste aus dem völlig mit Gestrüpp überwucherten und extremen Steilgelände zu bergen, um sie am unteren Seeweg der Kriminalpolizei zu übergeben.

Auch bei diesem Einsatz der Freiwilligen Feuerwehr Bodman-Ludwigshafen ging es um die Bergung der Leiche eines Mannes, der bereits seit einiger Zeit im weitgehend unzugänglichen Steilgelände am Bodensee vermisst wurde. Der Einsatz eines Suchhundes der DRK-Rettungshundestaffel war insofern erfolgreich, als man die bereits stark verweste Leiche am oberen Steilhang auffand.

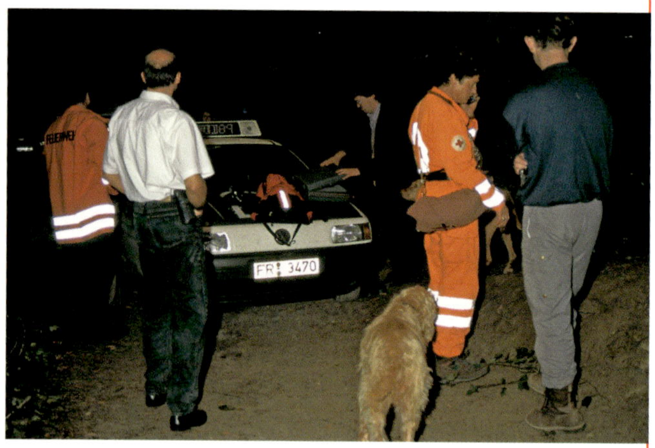

Nachts, mit Scheinwerfern und Führungsseilen ausgestattet, begaben sich Feuerwehrangehörige in das Steilgelände, um den Toten von dort zu bergen und zum Fahrweg am Seeufer zu transportieren.

Für die beteiligten Feuerwehrangehörigen war dieser Einsatz nicht nur technisch schwierig sowie aufgrund der zeitlichen und landschaftlichen Bedingungen nicht ohne Gefahren, sondern zugleich auch psychisch außerordentlich belastend.

12. Oktober 1998: „Einsatz für Florian Stockach: Pkw-Bergung nach Verkehrsunfall!"

Der tödlicher Leichtsinn eines 42jährigen Autofahrers endete in Wahlwies glücklicherweise mit nur leichten Verletzungen. Weil er bereits einige Zeit am Bahnübergang gewartet hatte, war der Mann offensichtlich aus Ungeduld mit seinem Wagen um die heruntergelassene Bahnschranke herumgefahren und dabei vom Regionalzug am vorderen Wagenbereich erfasst worden. Sein Auto wurde in den Graben geschleudert und blieb auf dem Dach liegen.

So kam der 42jährige Fahrer mit einigen leichten Verletzungen und einem gehörigen Schrecken davon. Eingeklemmt in seinem Wagen musste er warten, bis ihn die Feuerwehr befreite. Er wurde vom DRK ins Krankenhaus Stockach eingeliefert. Für die um 17.30 Uhr alarmierten Feuerwehren aus Stockach (mit RW 2, TLF 16), Wahlwies (LF 8) und Espasingen (TLF 16) blieb nach der Befreiung des Mannes nur noch die Bergung des unmittelbar an den Schienen liegenden Pkw sowie das vorsorgliche Ausbringen von Ölbindemitteln im Bereich eines kleinen Wassergrabens.

Glück im Unglück hatte der Fahrer dieses Pkw. Er kollidierte auf dem Bahnübergang bei Wahlwies mit einem Regionalzug – und wurde lediglich leicht verletzt. Die Freiwillige Feuerwehr Stockach kümmerte sich um das Unfallfahrzeug, band auslaufendes Öl und Benzin und sorgte für die Sicherheit an den Gleisen, bevor das Fahrzeug später abgeschleppt werden konnte.

Noch einmal eine Bootsbergung auf dem östlichen Teil des Bodensees („Zeller See"). Die „Ölwehr Bodensee" der Feuerwehr Radolfzell bereitet sich auf den Bergungseinsatz vor und richtet die Mehrzweckboote (MZB) und die benötigten Ölsperren.

Die von den Transportanhängern abgerollten Ölsperren (hier: „Rhin-Rhone-Sperren") werden von den Mehrzweckbooten in Schlepp genommen und zur Einsatzstelle verbracht.

19./20. März 1996: „Einsatz für Florian Radolfzell: Bootsbergung Zeller See!"

Aufgrund eines Plankenbruchs versank innerhalb weniger Minuten ein unter Schweizer Flagge fahrendes Motorboot auf der Rückfahrt nach Mammern/Schweiz im Bereich des Untersees (südwestlicher Teil des Bodensee). Die Besatzung konnte gerettet werden. Ein sofort eingeleiteter Sucheinsatz der Schweizer Seepolizei und der deutschen Wasserschutzpolizei verlief zunächst erfolglos. Die Wassertiefe im Unfallbereich beträgt rund 16 Meter.

Am Tag darauf wurde das Boot unweit des Seezeichens 6 geortet. Es handelte sich um ein 5,80 Meter langes, über 20 Jahre altes „Bösch"-Boot im Wert von etwa 45.000 Schweizer Franken, ausgestattet mit einem 210 PS-Motor.

Wie die Wasserschutzpolizei (WaPo) feststellen konnte, trat aus dem 60-Liter-Tank Benzin hervor. Nach Ansicht der WaPo wurde somit eine Bergung schon aus Gründen des Gewässer- und Umweltschutzes dringend erforderlich.

Um 09.00 Uhr wurde die Ölwehr der Feuerwehr Radolfzell von der bevorstehenden Bergung unterrichtet. Die Spezialeinheit der Feuerwehr rückte mit dem GW-T, dem GW-Öl und dem RW-See sowie mit einem Ölsperrenanhänger („Rhin-Rhone"-Seesperre) und zwei Mehrzweckbooten (MZB) auf Trailern zur Einwasserungsstelle am „Zeller See" aus.

Nach dem Wassern der beiden Boote wurden dort die Ölsperren aufgenommen und zum Havaristen geschleppt.

Ein Arbeitsboot der Seebehörde des Landratsamtes Konstanz hatte das verunfallte Motorboot bereits am Haken und bis kurz unter die Wasseroberfläche gezogen. Zur Vermeidung möglicher umweltgefährdender Folgeschäden unterstützte die Feuerwehr die Bergung durch das Auslegen der Ölsperren rund um den Havaristen und überwachte die weiteren Hebemaßnahmen. Boote der Wasserschutzpolizei und des Zolls sperrten währenddessen weiträumig den Seebereich. Nachdem das Boot vollständig gehoben war und ein Auslaufen von Treibstoffen ausgeschlossen werden konnte, wurde die zuvor ausgelegten Ölsperren wieder aufgenommen und zurück nach Radolfzell verbracht.

Vor Ort – unweit des Seezeichens 6 – wartet bereits das Bergungsschiff „Bär" der Schifffahrtsbehörde des Landratsamtes Konstanz. Die Feuerwehr legt die Ölsperren rund um die Bergungsstelle aus, da bei der Bootsbergung mit dem Austreten von Treib- und Schmierstoffen gerechnet werden muss. Abgesichert wird die Bergungsstelle von Booten der Wasserschutzpolizei und der Schweizer Seepolizei.

11. Mai 2001: „Einsatz für Florian Radolfzell: Fahrzeugbergung nach Verkehrsunfall!"

Glimpflich für alle Insassen verlief eine Kollision zwischen einem Regionalzug und einem Wohnwagengespann. Der Fahrer des Gespanns wollte den Bahnübergang zum Naturfreundehaus Markelfingen überqueren. Vermutlich dauerten seine Überlegungen, wohin er nach dem Überqueren der Gleise abbiegen solle, zu lange, so dass der angehängte Campingwagen auf den Schienen zum Stehen kam. In diesem Moment schaltete das Blinklicht des Bahnüberganges auf Rot. Der in Richtung Radolfzell fahrende Regionalzug konnte eine Kollision mit dem Campinganhänger nicht mehr vermeiden. Er wurde durch den Aufprall völlig zerrissen.
Von den im Zugfahrzeug sitzenden Personen – der Fahrer und ein älteres Ehepaar – sowie von den Insassen des Zuges wurde niemand verletzt.
Die Bahnstrecke Konstanz-Radolfzell wurde auf Anweisung der alarmierten Feuerwehr Radolfzell in beiden Richtungen stromlos geschaltet und während der Bergemaßnahmen für den Schienenverkehr gesperrt. Feuerwehrangehörige mussten den völlig demolierten Campinganhänger unter Einsatz hydraulischer und mechanischer Bergegeräte zerschneiden, so dass ein Entfernen aus dem Schienenbereich ermöglicht wurde. Zugleich wurden die über rund 100 Meter auf den Schienen verteilten Wrackteile eingesammelt und an sicherer Stelle gelagert.

Gegen 12.50 Uhr konnte die Einsatzstelle an die Verantwortlichen der Bahn übergeben werden. Neben der Feuerwehr Radolfzell, die mit sieben Fahrzeugen bis gegen 13.10 Uhr im Einsatz war, waren auch ein Notfallmanager der Bahn, Kräfte des Bundesgrenzschutzes und des Polizeireviers Radolfzell sowie der Rettungsdienst an der Einsatzstelle.

Auch bei diesem Unfall auf einem Bahnübergang zwischen Radolfzell und Konstanz musste die Feuerwehr Radolfzell keine Personen „retten" – die Insassen des Gespanns blieben glücklicherweise unverletzt –, aber sie musste die Reste des Campinganhängers von den Schienen „bergen". Über 100 Meter weit waren die Wrackteile auf den Schienen verteilten, Feuerwehrangehörige sammelten sie ein und lagerten sie an sicherer Stelle.

FEUERWEHR

Bergeaufgaben der Feuerwehr können sehr vielfältig sein. Sie reichen von der Boots- und Fahrzeugbergung nach Havarien und Unfällen über die Bergung beispielsweise von Gasflaschen und Gefahrgütern bis hin zur Bergung von Leichen und Leichenteilen. In der Regel keine leichte Aufgabe für die Angehörigen der Feuerwehr, denn „leichte“ und hinsichtlich ihres Gefahrenpotentials unproblematische Bergungen werden in der Regel von kommerziellen Bergefirmen wahrgenommen – der Feuerwehr bleibt die Gefahr! Die nachstehenden Bilder zeigen einige dieser Bergeaufgaben, in die Feuerwehren einbezogen waren.

Bootsbergungen auf dem Bodensee erfordern in den meisten Fällen auch enge Zusammenarbeit zwischen den hier tätigen Hilfs- und Rettungsdiensten. So arbeitete bei diesem Einsatz die Feuerwehr Radolfzell und das Technische Hilfswerk (THW) zusammen. Beide Wasserfahrzeuge – das Mehrzweckboot (MZB) der Feuerwehr und die Seefähre des THW – ergänzten sich effektiv.

„Bergung" im Feuerwehrdienst bedeutet manches Mal auch den Umgang mit gefährlichen „Fundstücken". In diesem Fall musste die Feuerwehr Singen einige Gasflaschen aus einer brennenden Imbissbude „bergen", um weitere Explosionen zu vermeiden. Die Flaschen wurden sicher gelagert, gekühlt und danach einer Entsorgung zugeführt. Das sich die brennende Imbissbude ausgerechnet auf dem Gelände einer Tankstelle befand, machte den Einsatz bestimmt nicht einfacher.

Tragischer Unfall in einem Waldstück bei Rielasingen-Worblingen. Auf einer leicht abschüssigen Wiese geriet ein Traktor mit Anhänger außer Kontrolle. Der Traktor stürzte um und begrub den Fahrer unter sich. Er wurde schwerst verletzt und verstarb noch an der Unfallstelle. Der Freiwilligen Feuerwehr kam die schwere Aufgabe der Totenbergung zu, zugleich wurden die Unfallfahrzeuge soweit aus dem Gelände geborgen, dass sie von einem Abschleppunternehmen aufgenommen werden konnten.

„Fahrzeugbergung zur Menschenrettung!" – so etwa könnte man diesen Einsatz der Feuerwehr Radolfzell auf der Bundesstraße 34 bei Stahringen stichwortartig beschreiben. Nach einem Frontalcrash wurde einer der Fahrer in seinem Pkw eingeklemmt, das andere Fahrzeug geriet sofort in Brand. Ein Landwirt, der den Unfall beobachtete, handelte sofort und zog den Pkw mit der eingeklemmten Person mit seinem Traktor vom brennenden Fahrzeug weg – eine möglicherweise lebensrettende Maßnahme! Die bald darauf eintreffende Feuerwehr konnte danach sowohl den Löschangriff als die Rettungsmaßnahmen für den eingeklemmten Fahrer vornehmen.

Bergung eines umgestürzten Lastwagens an der Bundesstraße 313 bei Stockach. Das Fahrzeug war im Uferbereich des Flusses Aach gelandet, Treibstoffe und Öl drohten auszulaufen. Mit der Seilwinde des Rüstwagens (RW 2) konnte der Lkw aufgerichtet und zur Straße gezogen werden. Damit war eine Gewässerverschmutzung gebannt – weitere Maßnahmen wurden durch eine Bergungsfirma vorgenommen.

Eine Fahrzeugbergung durch die Freiwillige Feuerwehr Stockach war auch bei diesem Pkw angezeigt, der in der „Aach" zum Stehen kam. Der Pkw-Fahrer wurde verletzt, konnte aber ohne weitere technische Maßnahmen aus seinem Fahrzeug befreit werden. Die Bergung aus dem Wasser verlief ebenfalls problemlos, nachdem der Pkw mit Hilfe des Rüstwagens (RW 2) wieder das trockene Ufer „erklommen" hatte.

Auf diesem Baumstapel landete ein Pkw unweit der Bundesstraße 34 bei Radolfzell. Der Fahrer wurde tödlich verletzt in seinem Fahrzeug eingeklemmt und musste von der Feuerwehr Radolfzell geborgen werden.

Geborgen wurde auch dieses Fahrzeug, dessen Fahrer die Tangente der Autobahn 98 im „Hegaukreuz“ unterschätzte und im angrenzenden Wald landete. Erste Bergemaßnahmen der Feuerwehr Singen sollten verhindern, dass möglicherweise auslaufende Kraftstoffe ins Erdreich gelangten.

Bergungsmaßnahmen an einem Campingwagen, der auf der Kreisstraße 6167 in Höhe des Buchhofes auf die Fahrbahnbankette geriet und umstürzte. Der Fahrer wurde verletzt, aus dem Fahrzeug lief Öl und Treibstoff aus. Mit Hilfe des Rüstwagens der Feuerwehr Radolfzell (RW-See/Kran) wurde das Wagen fixiert und mit „Muskelkraft" einiger Feuerwehrangehöriger und Helfer wieder auf die Räder gestellt.

Bergen von Recycling-Material nach einem Schwelbrand: Ein firmeneigener Radlader zog die gepressten Altpapierballen auseinander, um das Ablöschen versteckter Glutnester durch die Feuerwehr

Schützen – Der Vorbeugende Brandschutz

Der Begriff „Schützen" wird hauptsächlich vom „Vorbeugender Brandschutz" bestimmt und betrifft Maßnahmen zur Abwendung von Gefahren für Sachgüter und Personen sowie generell alle Vorkehrungen und Maßnahmen, die der Brand- und Schadensverhütung dienen und die geeignet sind, die Ausbreitung von Bränden und anderen Schadensereignissen zu verhindern (siehe auch nachstehender Abschnitt „Spezialaufgaben, Sonstige Aufgaben).

Der „Vorbeugende Brandschutz", das heißt der Schutz von Sachgütern und Menschen, wird in zahlreichen Bereichen des öffentlichen Lebens wahrgenommen, so beispielsweise in Wohngebäuden (u.a. durch die Einrichtung von Sicherheitstreppenhäuser und Brandschutztüren), in Verwaltungs- und Betriebsgebäuden (zum Beispiel „Baulicher Brandschutz"), in öffentlichen Einrichtungen (zum Beispiel Schulen und Kindergärten), in Gewerbe und Industrieeinrichtungen (zum Beispiel „Anlagentechnischer Brandschutz", „Organisatorischer Brandschutz") sowie in Veranstaltungssälen und Theatern (hier beispielsweise durch einen eigens eingerichteten „Feuerwehr-Sicherheitswachdienst" oder durch personelle „Brandsicherheitswachen").

Auch der staatliche Katastrophenschutz (KatS; auch „Ziviler Bevölkerungsschutz"/ZB, „Bevölkerungsschutz"/BS als übergreifende Bezeichnung, „Zivilschutz"/ZS im Sinne nichtmilitärischer Maßnahmen zum Schutz der Bevölkerung, erweiterter Katastrophenschutz der Länder) in Deutschland wurde eingerichtet, um in besonderen Notfallsituationen (u.a. Großschadensfälle, Katastrophen unterschiedlicher Art) das Leben, die Gesundheit oder die Umwelt zu schützen.

Dazu gehören auch präventive Maßnahmen zur Abwehr von Folgeschäden im Katastrophenfall sowie zur Beseitigung von Katastrophenschäden.

Die Feuerwehren in Deutschland sind – neben zahlreichen weiteren Hilfs- und Rettungsorganisationen – im Katastrophenschutz (KatS) in der Regel durch die Einheiten „Löschzug Retten" (LZ-R), „Löschzug Wasserversorgung" (LZ-W) sowie „ABC-Dienst" (ABC-Zug) vertreten (siehe auch Kapitel 2: „Feuerwehren im Zivil- und Katastrophenschutz").

Die Feuerwehren im Einsatz

Die Feuerwehren „schützen" – und es geht dabei im den Schutz von „Hab und Gut", von Sachgütern, persönlichem Besitz sowie um öffentliche Werte. Neben dem vorbeugenden Schutz im Vorfeld jeglicher Schadensereignisse – dem „Vorbeugenden Brandschutz", wie es fachlich korrekt heißt –, geht es den Feuerwehren vor allem um den Schutz vor Folgeschäden zum Beispiel im Umfeld von Schadensereignissen. Nachstehend einige wenige exemplarische Darstellungen solcher Einsätze.

Hinweis: Die in den Einsatz-Kurzberichten verwendeten Abkürzungen für die Fahrzeuge von Feuerwehr und Rettungsdienst können in der Auflistung auf Seite 229 zugeordnet werden.

Rechts: Der in öffentlichen Veranstaltungsräumen eigens eingerichtete und weitgehend vorgeschriebene „Feuerwehr-Sicherheitswachdienst" schützt Veranstaltungsbesucher durch personelle „Brandsicherheitswachen", die von Feuerwehrangehörigen wahrgenommen werden. Bei Ausbruch von Feuer beispielsweise in Bühnenbereichen oder in Zuschauerräumen können somit unmittelbar und schnell die nötigen Maßnahmen ergriffen werden.

06. Dezember 2007: „Einsatz für Florian Radolfzell: Automatische Brandmeldeanlage!"

Durch die rechtzeitige Alarmierung einer automatischen Brandmeldeanlage konnte in einem Radolfzeller Restaurant mit Sicherheit ein größerer Brand- und Gebäudeschaden verhindert werden.
Nach der Alarmierung um 06.10 Uhr musste die Feuerwehr Radolfzell zu einem weitläufigen Gewerbeanwesen in der Innenstadt ausrücken. Zwei Trupps unter Atemschutz entdeckten bald ein brennendes Weihnachtsgesteck im Thekenbereich eines Restaurants, nachdem bereits durch die geschlossenen Fenster dichter Rauch in den Gasträumen sichtbar war. Durch den austretenden Rauch wurde die automatische Brandmeldeanlage aktiviert, so dass die Feuerwehr rechtzeitig alarmiert wurde und das Restaurant sowie

Zum Schutz von öffentlichen Einrichtungen wie beispielsweise Gaststätten und Restaurants sind in den Räumen vielfach automatische Brandmeldeanlagen installiert, die bei Ausbruch von Feuer ihre Meldung an die zuständige Leitstelle geben. Wie in diesem Fall konnte durch die rechtzeitige Alarmierung mit Sicherheit ein größerer Brand- und Gebäudeschaden verhindert werden.

Die eintreffende Feuerwehr Radolfzell konnte im Innenbereich des Restaurants eine starke Rauchentwicklung wahrnehmen und leitete sofort einen Löschangriff ein.

zahlreiche weitere gewerbliche Räumlichkeiten in dem fünfstöckigen Gebäude schützen konnte. Ein kompletter Löschzug der Feuerwehr Radolfzell mit 22 Mann und fünf Fahrzeugen war bis gegen 07.00 Uhr im Einsatz.

Ursache für das Auslösen der Automatischen Brandmeldeanlage war letztendlich ein Weihnachtgesteck, dessen Kerzen offensichtlich vergessen wurden und in der Nacht das Gesteck in Brand setzten.
Nicht nur in öffentlichen Einrichtungen können Automatische Brandmeldeanlagen größeren Schaden durch Feuer und Rauch verhindern – auch in Privatwohnungen können freiwillig installierte sogenannte „Rauchmelder" zum Lebensretter werden (siehe auch Seite 159).

14. Juli 2006: „Einsatz für Florian Radolfzell: Wasser in der Wohnung!"

Vergessenes Badewasser, ein geplatzter Schlauch der Waschmaschine, ein massiver Wasserrohrbruch! Immer wieder passieren solche Ereignisse vor allem im Privatbereich. Die so geschädigten Bürger sind meist hilflos – und sie rufen nach der Feuerwehr!
So auch anlässlich der Alarmierung um 16.32 Uhr, als etwa 15 Zentimeter Wasser das Wohnzimmer einer älteren Dame füllte. Offensichtlich war auch hier ein geplatzter Wasserschlauch die Ursache, jedenfalls konnte die Feuerwehr mit dem Einsatz von Wassersaugern den Schaden relativ gering halten und damit einen Großteil der Wohnungseinrichtung vor den „nassen Fluten" schützen.

Die Feuerwehr schützt im Notfall Hab und Gut der Bevölkerung. Das gilt auch in Fällen, in denen ein geplatztes Wasserrohr die Wohnung unter Wasser setzt. Mit Hilfe von Pumpen und „Wassersaugern" (im Bild) gelingt es den Feuerwehrangehörigen meist schnell, den Sachschaden auf ein erträgliches Maß zu reduzieren.

27. März 2006: „Einsatz für Florian Radolfzell: Technische Hilfe nach Fahrzeugbrand“

Durch das beherzte Einsetzen eines Pulverlöschers konnte ein vom Motor eines Pkw ausgehendes Feuer durch die Fahrzeuginsassen selbst gelöscht werden. Die Flammen hatten sich zuvor aus dem Motorraum heraus ins Innere des Fahrzeugs ausgebreitet. Der Pkw stand auf dem Parkplatz des Krankenhauses Radolfzell.

Die Feuerwehr Radolfzell, die mit einem Löschfahrzeug kurz darauf an der Einsatzstelle eintraf, nahm lediglich noch Sicherungsarbeiten im Motorbereich vor und klemmte die Batterie des Fahrzeugs ab.

Das Abklemmen von Fahrzeugbatterien an Unfallfahrzeugen oder nach einem Fahrzeugbrand gehört zu den „Standardaufgaben“ der Feuerwehr im Rahmen der Technischen Hilfeleistung. Die Maßnahme bietet Schutz vor Folgeschäden und sie schützt damit im Sinne der Feuerwehraufgaben die Sachgüter – hier das Fahrzeug – auch dann, wenn es bereits anderweitig Schäden erlitten hat.

Zu den „Standardaufgaben“ der Feuerwehr im Rahmen der Technischen Hilfeleistung gehört auch das Abklemmen von Fahrzeugbatterien an Unfallfahrzeugen oder nach einem Fahrzeugbrand. Die Schutzmaßnahmen verhindern weitere Folgeschäden an den Fahrzeugen oder Gefährdungen durch elektrische Kurzschlüsse.

23. September 2002: „Einsatz für Florian Radolfzell: Technische Hilfe nach Fahrzeugbrand"

Eine typische Technische Hilfeleistung zum Schutz von verletzten Personen vor weiteren Schäden – unabhängig von den parallel laufenden Rettungsmaßnahmen – zeigt der nachstehende Einsatz.
Zu einem schweren Verkehrsunfall kam es gegen 18.00 Uhr auf der Bundesstraße 34. Vermutlich ein auf regennasser Strasse schleuderndes Fahrzeug prallte mit seiner Breitseite gegen einen in Gegenrichtung fahrenden Pkw. Bei dem Aufprall erlitten die beiden Pkw-Fahrerinnen schwere Verletzungen. Sie wurden in ihrem Fahrzeug eingeklemmt.
Das zweite Unfallfahrzeug, ein BMW, kam nach dem Aufprall von der Strasse ab und landete rückwärts im leicht abschüssigen Grünbereich. Der Fahrer des BMW wurde ebenfalls schwer verletzt.
Die Feuerwehr Radolfzell sicherte nach Eintreffen an der Einsatzstelle zunächst den BMW mit Hilfe der Seilwinde des Vorausrüstwagens (VRW), um ein Abrutschen beziehungsweise um unkontrollierte Bewegungen des Fahrzeugs im abschüssigen Bereich und damit weitere Schädigungen des verletzten Fahrers zu verhindern. Währenddessen nahm die Besatzung des Löschfahrzeuges (LF 16/12) technische Gerät zur Befreiung der beiden Pkw-Fahrerinnen vor. Mit dem hydraulischen Rettungsspreizer und einem Schneidgerät konnte die Fahrertür des Unfallfahrzeuges geöffnet und die Insassen befreit werden.

Einsatzkräfte der Feuerwehr Radolfzell sichern und fixieren das Unfallfahrzeug zum Schutz der darin befindlichen Person während der medizinischen Rettungsmaßnahmen bis zur Befreiung des Verletzten aus dem Pkw. Dabei kommt der Vorausrüstwagen (VRW) zum Einsatz.

Schutz der Bürger vor den Folgeschäden durch Unwetter – auch eine Aufgabe für die Feuerwehr! Wenngleich auch bei größeren Schadensereignissen durch Hochwasser, Sturm oder Schneefall zunächst Geduld und Selbsthilfe durch die betroffenen Einwohner angesagt ist – die Feuerwehr kann in solchen Fällen nicht sofort und unmittelbar überall Hilfe leisten –, so bieten die Einsatzkräfte weitere Hilfs- und Schutzmaßnahmen nach Dringlichkeit und Notwendigkeit an. „Bürger für Mitbürger!" heißt letztendlich das „Motto" – denn nicht selten sind auch Feuerwehrangehörige selbst an ihren Wohnorten von solchen witterungsbedingten Großschadensereignissen betroffen.

Ein schneller Lösch- oder Rettungseinsatz der Feuerwehr bedeutet immer auch Schutz vor wirtschaftlichen Folgeschäden, Schutz der Betroffenen und Schutz der Umwelt. Das hier gezeigte Bild mag dafür den „optischen Beweis" bieten.

Spezialaufgaben, Sonstige Aufgaben

Neben den vorgenannten Basisaufgaben (Löschen – Retten – Bergen – Schützen) ist das Aufgaben- und Einsatzspektrum der Feuerwehren in Deutschland selbstverständlich noch sehr viel umfangreicher und spezialisierter. An dieser Stelle können und sollen lediglich Beispiele weiterer Tätigkeitsbereiche genannt werden, die weitgehend als „Spezialaufgaben" (auch „Sonstige Aufgaben") bezeichnet und eingeordnet werden. Natürlich lassen sich alle diese „Spezialaufgaben" oder „sonstigen Tätigkeiten" auch und insbesondere unter die oben genannten „Standardbegriffe" fassen, an dieser Stelle verdienen sie jedoch einer besonderen Beachtung.

So wirken Feuerwehren in Deutschland beispielsweise im Rahmen folgender Spezialeinheiten:

- **Ölwehr, Ölwehrzug** (Spezialeinheit der Feuerwehr zur Aufnahme und Entsorgung von ausgelaufenem Öl sowie Betriebs- und Schmierstoffen zum Schutz von Umweltgefährdungen)
- **Chemiewehr** (Spezialeinheit der Feuerwehr zum Einsatz bei Schadensfällen mit Gefahrstoffen zum Beispiel in Industriebetrieben oder nach Verkehrsunfällen; Feuerwehr-Spezialeinheit in/für größere chemieverarbeitende Betriebe)
- **Umweltschutzzug** (Spezialeinheit der Feuerwehr für Einsätze im Zusammenhang mit umweltgefährdeten Stoffen)
- **Wasserrettung** (Spezialeinheit der Feuerwehr mit Rettungstauchern zur Rettung und Bergung von Personen, Tieren und Sachgütern aus Seen, Flüssen und offenen Gewässern)
- **Höhenrettung** (Spezialeinheit der Feuerwehr zur Rettung und Bergung von Personen und Tieren aus größeren Höhen, zum Beispiel von Kranen, Dächern oder Industrieanlagen)

Am deutschen Teil des Bodensees (hier: Baden-Württemberg) nehmen die Feuerwehren Radolfzell, Konstanz, Überlingen und Friedrichshafen die Aufgaben der „Ölwehr Bodensee" (Ölwehrstützpunkte) wahr. Ausgerüstet dazu sind die Feuerwehren zusätzlich mit Sonderfahrzeugen des Landes (u.a. Gerätewagen-Transport/GW-T, Gerätewagen-Öl/GW-Öl, Wechselladerfahrzeug/WLF, Abrollbehälter „Ölschadens"/AB-Ölschaden, Ölsperrenanhänger) und Booten (Mehrzweckboot/MZB).
Weitere Ölwehrstützpunkte befinden sich im Schweizer Bereich des Bodensees. Im Schadensfall erfolgt hier eine enge Zusammenarbeit.

Zu den „Sonstigen Aufgaben" der Feuerwehren gehören einerseits die feuerwehrinterne Aus- und Fortbildung (Standort-, Kreis- und Landesebene), anderseits auch die Aus- und Fortbildung der Bevölkerung im Sinne einer „Brandschutzaufklärung" sowie einer „Brandschutzerziehung" -, zum Beispiel an Schulen, Vorschuleinrichtungen und Kindergärten, in Gewerbeeinrichtungen oder im Rahmen öffentlicher Veranstaltungen. Dem Thema „Brandschutzerziehung" kommt in der Gesellschaft und bei den jeweils zuständigen Stellen seit

Die Berufs–, Werk- und Freiwilligen Feuerwehren in Deutschland verfügen unter anderem auch über Spezialeinheiten zur Abwehr und Bewältigung von Chemie- und Gefahrgutunfällen. Insbesondere infolge des zunehmenden Straßenverkehrs mit Gefahrgutfahrzeugen sind Feuerwehren in diesem speziellen Einsatzbereich gefordert. Das „Transport-Unfall-Informations- und Hilfeleistungssystem" (TUIS) der deutschen chemischen Industrie beispielsweise ist fest in die Katastrophenschutzpläne der Bundesregierung, der Bundesländern sowie der Städte und Gemeinden eingebunden. Es ist zu einem höchst effizienten Instrument der Gefahrenabwehr und der Schadensbegrenzung bei Transportunfällen mit Chemikalien auf Straße, Schiene und Wasser geworden. Auf Anforderung rücken bei größeren Chemie- und Gefahrgutunfällen entsprechende TUIS-Feuerwehreinheiten innerhalb Deutschlands zur unterstützenden Hilfeleistung aus.

Taucher- und Wasserrettungs-Einheiten der Feuerwehren leisten Hilfe bei Notfällen an Seen, Flüssen und anderen Gewässern. Taucher stehen auch bei Unfällen auf zugefrorenen Gewässern (Eisnotfälle) zum Einsatz zur Verfügung.

Zu den Spezialeinheiten der Feuerwehren gehören auch die sogenannten „Höhenretter". Sie stehen zur Rettung und Bergung von Personen und Tieren aus größeren Höhen, zum Beispiel von Kranen, Dächern oder Industrieanlagen, zur Verfügung.

Brandschutzerziehung – beispielsweise in Kindergärten, Schulen, Vereinen, Betrieben und Organisationen – hat die Vorbereitung von „Laien" im Umgang mit Feuer sowie im Brandfall zum Ziel und schafft damit die Voraussetzung für schnelle und fachgerechte Maßnahmen im Vorfeld des Feuerwehreinsatzes.
Das Bild zeigt eine Besuchergruppe des Kindergartens in Radolfzell-Möggingen bei der örtlichen Feuerwehr. In der kleinen Gemeinde bemüht man sich seit Jahren um eine regelmäßige professionelle Brandschutzerziehung in Kindergärten und Schulen.

einigen Jahren ein immer höherer Stellenwert zu. Je nach Bundesland wurde „Brandschutzerziehung" bereits in die Lehrpläne der Schulen aufgenommen.

Auch Teilbereiche des „Vorbeugenden Brandschutzes" (siehe auch Abschnitt „Schützen – Der Vorbeugende Brandschutz") zählen zu den „Sonstigen Aufgaben" der Feuerwehren, so beispielsweise die Mitwirkung und Fachberatung von Architekten und Bauherren bei der Planung, der Errichtung und der Überprüfung von Automatischen Brandmeldeanlagen (BMA), bei der Planung von Löschwassereinrichtungen (Löschwasserteiche, Löschwasserbehälter in Gebäude und Industrieeinrichtungen) sowie von Flucht- und Rettungswegen in und an Gebäuden, Notausstiegen (zum Beispiel an Gebäuden oder im Bereich unterirdischer Verkehrswege), bei der Planung von Zufahrten für Rettungsfahrzeuge oder von Stellflächen für Rettungsfahrzeuge und -geräte.

Ein großer Teil der Fachberatung durch die Feuerwehr, insbesondere im Hinblick auf unterschiedliche Zielgruppen in der Bevölkerung, wird bei Veranstaltungen der Feuerwehr (zum Beispiel „Aktionstage", „Tag der offenen Tür", im Rahmen von Hauptproben) geleistet.

Hier liegt in der Regel auch der Schnittpunkt zur Öffentlichkeitsarbeit der Feuerwehr. Professionelle und konstante Presse- und Öffentlichkeitsarbeit führt nachweislich dazu, dass beispielsweise ein nicht unerheblicher Anteil der Räumlichkeiten in

Sogenannte „Aktionstage" haben in vielen Regionen den sogenannten „Tag der offenen Tür" bei der örtlichen Feuerwehr ersetzt. Die Feuerwehr geht auf ihre Mitbürger zu – im Rahmen von Stadtfesten, Präsentationen in Fußgängerzonen oder Öffentlichkeitsaktionen beispielsweise in Einkaufszentren vermittelt sie Informationen und Fachwissen zum Thema. Nicht zuletzt sollen solche „Aktionstage" auch zur Mitarbeit in der Feuerwehr motivieren – Nachwuchswerbung ist angesagt und letztendlich für den Fortbestand vor allem Freiwilliger Feuerwehren unverzichtbar.

Zur Öffentlichkeitsarbeit der Feuerwehren gehört immer auch die Pressearbeit, also die Arbeit für und mit den Medien und deren Vertreter – zumindestens sollte dies bei den Feuerwehren kein „Fremdwort" mehr sein! Bürger haben ein Anrecht auf Informationen über „ihre" Feuerwehr, die Feuerwehr wiederum sollte bemüht sein, über sich, ihre Tätigkeit und ihre Angebote regelmäßig und professionell zu informieren.
Nicht zuletzt ist bei größeren Schadensereignissen der Anspruch der Medien an die Feuerwehren hoch. Hier steht der „Pressesprecher der Feuerwehr" den Medienvertretern als fachkundige Kontakt- und Auskunftsperson zur Verfügung.

privaten Gebäuden zwischenzeitlich mit sogenannten Haushaltsrauchmelder ausgestattet ist. Die dadurch mögliche Früherkennung rettet nicht nur Leben und verhindert Sachschäden, sondern beeinflusst im positiven Sinne auch die Einsatzstatistik der Feuerwehr.

Presse- und Öffentlichkeitsarbeit wird auch aus anderen Gründen zum zunehmend notwendigen Tätigkeitsbereich der Feuerwehren in Deutschland. So hat einerseits der Bürger beispielsweise ein gewisses Recht darauf zu erfahren, was „seine" örtliche Feuerwehr tut, leistet, wie sie ausgerüstet ist und welche Einsätze sie aktuell absolviert hat. Zudem geht es darum, ein möglichst positives „Image" (Bild) der Feuerwehr zu vermitteln, zu erhalten und – wo nötig – zu schaffen.

Die Feuerwehren im Einsatz

Was die umfangreiche Palette von Einsätzen der Feuerwehr angeht, nachstehend und zugleich abschließend noch einige „Spezialeinsätze", die auch hier deutlich machen, dass Feuerwehrdienst nichts mit „Null-acht-Fuffzehn"-Arbeit zwischen Feuer und Wasser zu tun hat. Feuerwehrdienst bedeutet in vielen Fällen den Einsatz von Experten und Fachleuten, die wissen, was sie tun und die sich professionell mit den anfallenden Gefahren auseinander setzen und sie im Sinne des Schutzes von Sachgütern und Menschen beseitigen.

Hinweis: Die in den Einsatz-Kurzberichten verwendeten Abkürzungen für die Fahrzeuge von Feuerwehr und Rettungsdienst können in der Auflistung auf Seite 229 zugeordnet werden.

In öffentlichen Einrichtungen – hier beispielsweise im Rathaus der Großen Kreisstadt Radolfzell – können Ausstellungen und Präsentationen über die örtliche Feuerwehr, ihre technische Ausstattung und ihre Einsätze aufmerksames Interesse finden. Die Feuerwehr Radolfzell beispielsweise hat für diesen und andere Zwecke zahlreiche Ausstellungs- und Fototafeln entwickelt, die – ergänzt durch weitere Darstellungen – über die Feuerwehr informiert.

Die erheblichen Gefahren einer „Fettexplosion" – dann, wenn man in Brand geratenes Fett auf dem Herd mit Wasser löschen will – werden von der Feuerwehr in der Fußgängerzone augenscheinlich und „actionreich" präsentiert. Wem eine solche Brandentwicklung im Rahmen der Öffentlichkeitsarbeit einmal demonstriert hat, wird vermutlich „dem eigenen Schnitzel nicht mehr mit dem Wassereimer zu Leibe rücken"?!

04. Mai 2007: „Einsatz für Florian Radolfzell, Ölwehr: Unbekannte Flüssigkeit in See!"

„Ein bisher unbekannter Stoff in ebenfalls unbekannter Menge" sei gegen 16.30 Uhr am Auslauf des Mühlenbachs in den „Untersee" (Bodensee) entdeckt worden, so die Mitteilung der Leitstelle bei der Alarmierung des Ölwehrstützpunktes Radolfzell. Passanten entdeckten zuvor deutliche Schlieren in Höhe einer Bootsvermietung in der Karl-Wolf-Straße.

Die bald darauf eintreffende Ölwehr der Feuerwehr Radolfzell unternahm Nachforschungen zur Ursache der Gewässerverschmutzung, legte vorsorglich eine Ölsperre und streute Ölbindemittel in den Mühlenbach-Auslauf. Nachdem keine erkennbare Ursache gefunden werden konnte, wurde der Einsatz gegen 17.30 Uhr abgeschlossen.

Vorsorglich wurde die Einsatzstelle am Freitagabend sowie am darauffolgenden Samstag nochmals auf mögliche Gewässerverunreinigungen überprüft.

Nicht nur auf dem Bodensee kommt die Ölwehr der Feuerwehr Radolfzell zum Einsatz. Am 06. September 2006 beispielsweise wurde sie am frühen Morgen alarmiert, als in Folge von Fahrlässigkeit eines Hausbesitzers etwa 1.000 bis 1.500 Liter Heizöl im Keller eines Wohnhauses ausliefen. Das Heizöl geriet in die Kanalisation und von dort in die Kläranlage. Es bestand die Gefahr, dass das Öl über den Kläranlagen-Auslauf auch in den Bodensee gelangen konnte.

Die Feuerwehr Radolfzell rückte in die Kläranlage Radolfzell aus, um dort Material aus einer sofort vorgenommenen Kanalreinigung in zwei Auffangbehälter zu deponieren. Der Einsatz zog sich über einige Stunden hin.

Da durch den schnellen Einsatz der Feuerwehr kein Öl direkt in den Bodensee gelangte, brauchte die Ölwehr Radolfzell dorthin letztendlich nicht mehr eingesetzt werden.

Auch die Beseitigung gefährlicher Produkte gehört immer wieder zu den Aufgaben der Feuerwehr. Meist handelt es sich dabei um ausgelaufene Kraft- oder Schmierstoffe nach Verkehrsunfällen und technischen Defekten an Kraftfahrzeugen.

Der Bodensee ist einer der wichtigsten Trinkwasserspeicher in Deutschland, dazu im Hinblick auf Wasser–, Umwelt- und Naturschutz ein ausgesprochen empfindliches Gebiet. Der Schutz des Gewässers hat damit für die Feuerwehren am Bodensee vorrangige Priorität. Gleiche beziehungsweise ähnliche Prioritäten gelten aber auch für andere Gewässer in Deutschland – Natur und Umweltschutz wird bei den Feuerwehren „groß" geschrieben!
Die Bilder zeigen eine im Bereich eines Bacheinlaufes zum Bodensee ausgelegte Ölsperre, nachdem ein „unbekannter Stoff" auf dem Wasser wahrgenommen wurde. Die Sperre verhindert das Ausbreiten eventueller Gefahrstoffe auf den See.

Öl kann nicht nur im Bereich von Gewässern, sondern auch an Land austreten. Gelang es dort ins Erdreich oder in die Kanalisation, kommt es zu Umweltschäden, die es zu vermeiden gilt. Das Bild zeigt eine weitflächige Ölspur nach einem Hydraulikschaden. Eine „Spezialaufgabe" für die Feuerwehr – der Umwelt zuliebe!

Am 26. Mai 1997 wurde die Feuerwehr Radolfzell in den Mittagsstunden in die Hausherrenstraße gerufen. Dort war bei technischen Arbeiten ein Hydraulikschaden an einem Transformator eingetreten, eine größere Ölmenge war unmittelbar auf die Straße geflossen. Die Feuerwehr streute die betroffenen Straßen- und Gehwegsbereiche großflächig mit Ölbindemittel ab und entsorgte danach fachgerecht das kontaminierte Material.

21. November 1995: „Einsatz für Florian Tengen: Tankzug umgestürzt, Öl läuft aus!"

Einen andersartigen Öleinsatz, der – wie letztendlich alle Öl- und Gefahrguteinsätze – vorrangig dem Schutz der Natur und der Umwelt diente, hatte die Freiwillige Feuerwehr Tengen zu bewältigen.
Alarmiert wurde die Wehr von der Leitstelle Konstanz in Radolfzell um 15.30 Uhr. Dabei teilte die Leitstelle mit, dass ein Tanklastwagen mit Anhänger umgestürzt sei und Öl auslaufe. Bei Eintreffen der Feuerwehr an der Einsatzstelle auf der L 224 bestätigte sich die Meldung. Ein Tankzug war in Richtung Watterdingen auf den unbefestigten Randstreifen geraten und gänzlich umgestürzt. Der Fahrer wurde dabei leicht verletzt. In den Tankkammern befanden sich nach Auskunft des Fahrers rund 15.000 Liter pflanzliches Soja-Öl, eine bisher unbekannte Menge war im Bereich eines Abwasserkanals ausgelaufen beziehungsweise lief noch immer aus.
Der Einsatzleiter ließ sofort den Gerätewagen Atemschutz/Messtechnik (GW-AS/Mess) der Feuerwehr Konstanz und den Gerätewagen-Transport (GW-T) der Feuerwehr Radolfzell anfordern, dazu den Bergekran eines Privatunternehmens. Informiert wurde zudem die Untere Wasserbehörde des Landratsamtes Konstanz.
Nachdem ein Ersatz-Tankzug erst in den späten

Abendstunden bereitgestellt werden konnte, wurde das auslaufende Öl in Behälter aufgefangen und sowohl die Tanköffnung des Fahrzeugs als auch der Kanal abgedichtet. Das Ersatzfahrzeug traf gegen 22.30 Uhr ein, die Bergung des verunfallten Tankzuges wurde jedoch auf den Folgetag verschoben.

Schwieriger und zugleich umso notwendiger wird ein Gefahrgut- und Umweltschutzeinsatz der Feuerwehr dann, wenn es sich um größere Schadenslagen handelt. Dazu gehört ein umgestürzter Tankzug ganz sicher. Einsatzkräfte der Feuerwehr bemühten sich, die Lecks am Unfallfahrzeug abzudichten, die Ausläufe zu verschließen und austretende Flüssigkeiten aufzufangen. Letztendlich sollte möglichst wenig Gefahrgut in das Erdreich oder in eine Kanalisation gelangen – die Folgeschäden wären dann ungleich höher.

07. August 1997: „Einsatz für Florian Radolfzell: Gasleitung angebohrt, Explosionsgefahr!"

Feuer, Wasser, Öl, Gefahrgut – die Feuerwehren haben sich bei Notfällen und in Einsätzen immer wieder mit nahezu allen Elementen und Stoffen abzugeben. So auch mit auftretendem Gas, wie die nachstehenden Einsatzbeispiele zeigen.

Um 10.23 Uhr wurde die Feuerwehr Radolfzell alarmiert, nachdem Bauarbeiter im Ortsteil Stahringen sowohl eine Abwasser- als auch eine Gasleitung beschädigt hatten. Ausströmendes Gas gelangte dabei über die defekte Abwasserleitung in die Kanalisation sowie in die Kellerräume eines angrenzenden Wohnhauses.
Der Feuerwehr, die mit 17 Mann und fünf Fahrzeugen (KdoW, ELW 1, LF 16/12, WLF mit AB-Rüst, DokuF) bis gegen 14 Uhr im Einsatz war, ge-

Mit Feuer, Wasser, gefährlichen Flüssigkeiten und brandgefährlichen Materialien müssen sich Feuerwehrangehörige auskennen – in diesem Fall auch mit unkontrolliert austretendem Gas! Im Verlauf von Grabungsarbeiten wurde eine Gas- und eine Abwasserleitung zerstört – für die Feuerwehr Radolfzell bedeutete dies umfangreiche Sicherungs–, Mess- und Abdichtarbeiten im weiteren Umfeld der Schadensstelle

Damit Gas nicht durch Gebäudeöffnungen ins Hausinnere strömen kann, werden solche Öffnungen mit geeigneten Dichtungen verschlossen. Für solche „Spezialeinsätze" verfügen die Feuerwehren natürlich auch über das notwendige „Spezialgerät" – in diesem Fall über sogenannte „Rohr-Dichtkissen" zum Verschließen von Gullis und Rohrleitungen, die durch Druck

lang es, die zunächst in ihren Ausmaßen nicht erkennbare Explosionsgefahr zu beseitigen. Nach entsprechenden Messungen, nach Öffnen der Abwasserschächte und nach Abklemmen der defekten Leitung durch die Gaswerke konnte gegen 13.30 Uhr hinsichtlich der Explosionsgefahr „Entwarnung" gegeben werden.
Gasalarm für die Feuerwehr Radolfzell auch am 3. April 2000 auf einer Baustelle in der Bismarckstraße sowie am 7. September 2001 im Höhenweg. Jeweils bei Bauarbeiten waren Gasleitungen beschädigt worden. Die Feuerwehr musste durch umfangreiche Messungen der Umgebung sowie in Kanälen und Gebäuden sicherstellen, dass es zu keinen weiteren Gefährdungen durch ausströmendes Gas kam. In Kooperation mit den städtischen Gaswerken wurden jeweils die Leitungen abgeklemmt und somit der Gasaustritt unterbunden.

Zu den „Spezialgeräten" der Feuerwehr gehört auch der „Gas-Messkoffer", mit dessen Hilfe sich gefährliche Gase in der Luft beziehungsweise in Rohrleitungen oder Kanälen nachweisen lassen. Damit kann eine möglicherweise bestehende Explosionsgefahr baldmöglichst erkannt werden, so dass entsprechende Schutz–, Sicherungs- und Gegenmaßnahmen ergriffen werden können.

07. Juli 1996: „Einsatz für Florian Rielasingen-Worblingen: Auslaufen von Gefahrgut!"

Zu einem Gefahrgut-Großeinsatz von Feuerwehren und Rettungsdienst kam es in der Hegaugemeinde Rielasingen. Aus einem damals zunächst nicht geklärten Grund liefen im Lagerschuppen eines ehemaligen Galvanikbetriebes aus drei Kunststofffässern rund 100 Liter einer chemischen Flüssigkeit aus. Nach den ersten Erkennt-

Der unkontrollierte Austritt von – zunächst unbekannten – Gefahrstoffen gehört zu den besonders kritischen und oft gefährlichen Spezialeinsätzen der Feuerwehr. Bei dem hier geschilderten Einsatz liefen in einem Lagerschuppen aus drei Kunststofffässern rund 100 Liter Salpetersäure aus – ein Gefahrgut, das unter anderem zu schwerste Verätzungen an der Haut oder an den Augen bis hin zur Erblindung führen kann. Die Gefahrgutfässer lagerten unkontrolliert und unbeaufsichtigt im Anwesen eines ehemaligen Galvanikbetriebes.

Ein Teil der ausgelaufenen Salpetersäure gelangte in das Gebäude-interne Kanalsystem.

nissen handelte es sich um Salpetersäure. Salpetersäure gilt als Chemikalie, die bei unmittelbarer Kontamination schwerste Verätzungen an Haut oder Augen (Erblindung) verursachen kann. Einatmen von Gasen kann zu toxischem Lungenödem führen.

Der Lagerschuppen, in dem sich weitere 25-30 Fässer mit bisher unbekanntem Inhalten befanden, wurde seit etwa zehn Jahren nicht mehr genutzt.

Die Leitstelle Konstanz alarmierte um 19.27 Uhr die Freiwillige Feuerwehr der Doppelgemeinde Rielasingen-Worblingen mit TLF 16, LF 16, LF 8, TSF und zwei MTW sowie auf Grund der zunächst unklaren Einsatzlage der Gefahrgutzug des Landkreises Konstanz mit ELW, GW-U und GW-AS/Mess. Wegen des vorhersehbaren öffentlichen Medieninteresses wurden zeitgleich der Pressesprecher des Kreisfeuerwehrverbandes Konstanz (Anmerkung: der Autor, Dokumentationsfahrzeug DOKU Florian Konstanz 7) sowie der Pressesprecher der Feuerwehr Konstanz alarmiert.

Sofort informiert über den Gefahrguteinsatz wurden der Bürgermeister der Gemeinde, das Landratsamt Konstanz, das Wasserwirtschaftsamt und der Wirtschaftskontrolldienst.

Da die Salpetersäure innerhalb des Gebäudes auf einem Betonboden auslief und lediglich in das Gebäude-interne Kanalsystem mit Auffangwanne gelangte, bestand von Anfang an keine Gefahr für die Bevölkerung sowie für die Umwelt (Luft, Grundwasser, Trinkwasser).

Untersuchungen durch die Feuerwehr bestätigten, dass die Säure nicht in das öffentliche Kanalsystem gelangte.

Nach Abklärung der vorhandenen Kontaminationen nahmen die Spezialisten unter Einschaltung des Fachberaters „Gefahrgut" der Feuerwehr Konstanz die Sicherung der ausgelaufen Fässer vor und banden die auf den Betonboden geflossene Säure mit Chemikalienbinder. Die Entsorgung wurde am Folgetag von einem Spezialunternehmen vorgenommen.

Weitere Behältnisse mit unbekannter Flüssigkeit mussten im Umfeld des Lagergebäudes gesichert, überprüft und unter fachlichen Gesichtspunkten entsorgt werden.

Auch die „natürlichen Elemente“ wie Sturm, Orkan und Starkregen machen Deutschlands Feuerwehren immer wieder und offensichtlich im Zusammenhang mit globalen Klimaveränderungen immer häufiger zu schaffen. Nachstehend einige Einsatzbeispiele, bei dem ebenfalls unter „Spezialaufgaben“ im Vergleich zum ansonsten anfallenden Einsatzgeschehens der Schutz der betroffenen Bevölkerung und ihrer Sachgüter im Vordergrund steht.

26. Dezember 1999: „Einsatz für Florian Radolfzell: Orkanschäden im Stadtgebiet“

Der „Orkan Lothar“ hatte nicht nur im Bundesgebiet, in Baden-Württemberg und insbesondere im Schwarzwald „gewütet“, auch der Landkreis Konstanz und die Große Kreisstadt Radolfzell wurde vom Sturm nicht verschont. Für die Feuerwehr Radolfzell kam es zum Großeinsatz, nachdem der mit rund 170 km/h Windgeschwindigkeit bisher schwerste Orkan in dieser Region im Stadtgebiet erhebliche Schäden verursacht hatte. Nach der ersten Alarmierung um 11.16 Uhr waren alle Radolfzeller Feuerwehr-Abteilungen (Radolfzell-Kernstadt, Böhringen, Stahringen, Güttingen, Liggeringen, Möggingen und Markelfingen) bis etwa 17.00 Uhr im Dauereinsatz. Im

„Spezialaufgaben“ der Feuerwehr – dazu zählen auch die Auswirkungen des Orkans „Lothar“, der im Dezember 1999 große Teile Deutschlands beeinträchtigte und zu Millionenschäden führte. In Radolfzell am Bodensee beispielsweise riss er mit ungezügelter Gewalt und der „Windstärke 12“ (Orkanstärke) das Metall-Dach des Tagungs- und Kulturzentrum aus seiner Verankerung und warf es völlig zusammengedrückt auf ein Nachbargebäude.

Stadtgebiet Radolfzell waren es hauptsächlich umgestürzte Bäume, die den Straßenverkehr sowie einzelne Anwesen gefährdeten. Ein Großteil der Bäume musste von der Feuerwehr zersägt und damit Gefahrenstellen entschärft werden. Vom Orkan wurde zudem das Metall-Dach des Radolfzeller Tagungs- und Kulturzentrums „Milchwerk" (TKM) abgerissen und auf einen nebenstehenden Gebäudekomplex geworfen. Hier musste die Feuerwehr umfangreiche Sicherungsarbeiten vornehmen.

Schwerpunkte der Einsätze im Stadtgebiet waren die Halbinsel Mettnau, die Bundesstraße 34 in Höhe Stahringen, die Kreisstraßen 6166 und 6167 sowie die Landesstraße 220 im Bereich Güttingen- Liggeringen und Möggingen (Teilsperrungen), die Kreisstraße 6168 von Markelfingen in Richtung Wildpark (Vollsperrung) sowie die Bereiche Reute und Hofgut Rickelshausen bei Böhringen. Der Zugverkehr war zum Teil erheblich durch umgestürzte Bäume und herabgefallene Äste behindert.

Leichtsinn und Sturheit bestimmten bei zahlreichen Passanten und Verkehrsteilnehmer das Verhalten während des Orkans beziehungsweise während der Einsatzmaßnahmen. Trotz erheblicher Gefahren missachteten nicht wenige Menschen die Straßensperrungen der Feuerwehr und der Polizei vorsätzlich und begaben sich dadurch selbst in große Gefahr. Die Halbinsel Mettnau wurde trotz hoher Windbruchgefahr zum Ziel neugieriger Spaziergänger, die „mit Kind und Kegel" das Chaos umgestürzter Bäume offensichtlich unbedingt aus der Nähe ansehen mussten. Zahlreiche Autofahrer und Passanten verhielten sich gegenüber warnenden Einsatzkräften völlig uneinsichtig und bestanden auf ihrem vermeintlichen „Durchfahrtsrecht".

Umgestürzte und entwurzelte Bäume mit zahlreichen Folgeschäden – für „Lothar" offensichtlich ein „leichtes Spiel" – für die Feuerwehren bedeutete der Orkan stundenlange und zum Teil gefährliche Aufräum- und Sicherungsarbeiten.

24. März 2005: „Einsatz für Florian Radolfzell: Unwetter/Überschwemmungen"

Nach ausgiebigen Regenfällen sowie nach einem plötzlichen Starkniederschlag kam es im Radolfzeller Ortsteil Stahringen zu einer Großschadenslage, nachdem sich in verschiedenen Bereichen oberhalb des Ortsgebietes Schlamm- und Geröllawinen lösten und Teile des Ortes überschwemmten.

Für die Feuerwehr Radolfzell wurde Vollalarm ausgelöst. Aufgrund der sich darstellenden großflächigen Lage setzte die Wehr erstmals real ihre zuvor neu eingerichtete Führungsgruppe (FüGr) ein. Schwerpunkt des stundenlang andauernden Einsatzes der Feuerwehr war vorrangig der Schutz der Gebäude und Sachgüter vor weiteren witterungsbedingten Schäden sowie der Schutz vor Folgeschäden nach Überschwemmung und Verschlammung.

Die Feuerwehr Radolfzell war mit rund 100 Kräften und etwa 20 Einsatzfahrzeugen im Einsatz. Bewährt in Bezug auf die Koordinierung der Einsatzmaßnahmen und auf die Führung der Einsatzabschnitte hatte sich die Führungsgruppe (FüGr) der Feuerwehr, die damit ihre „Bewährungsprobe" im Rahmen eines Realeinsatzes bestand.

Wenn die Natur „zuschlägt", tut sie das nicht immer nur mit Stürmen und Orkanen. Zunehmend führen auch Starkregenfälle zu großflächigen Überschwemmungen, Hochwassern in Kellern und Wohnräumen sowie zum Abgang von Schlamm und Geröll. Im Radolfzeller Ortsteil Stahringen wurden zahlreiche Häuser überschwemmt sowie tonnenweise Geröll und Schlamm von den Höhen aus in den Ortskern gespült. Für die Feuerwehren bedeutete dies „Großeinsatz!" – die Verhinderung von Folgeschäden und die Unterstützung der Bevölkerung hatte Einsatzpriorität.

„Einsatz für Florian – Katastrophenalarm!"

Der sogenannte „Katastrophenfall" (K-Fall) wird bei Vorliegen bestimmter Lagen und Bedingungen durch die Verwaltungsbehörde (in der Regel durch den sogenannten „Hauptverwaltungsbeamten"/ HVB des zuständigen Landratsamtes) ausgelöst. Damit geht sowohl die Gesamteinsatzleitung als auch die Übernahme der Einsatzkosten von der ansonsten jeweils zuständigen Kommune (Stadt, Gemeinde) an die Behörde über. Neben allen anderen Hilfs- und Rettungsorganisationen (KatS-Organisationen) unterstehen auch die Feuerwehren der Einsatzleitung durch die Behörde (Katastrophenstab). Die dort getroffenen Maßnahmen und Entscheidungen unterliegen in Deutschland den Katastrophenschutzgesetzen der Bundesländer.
Reale Katastrophen kommen in Deutschland und in den Regionen eher selten vor. Meist handelt es sich um Großschadensfälle, die mit dem vorhandenen Gerät und Personal der Feuerwehren sowie der Hilfs- und Rettungsdienste bewältigt werden kann. Trotzdem bereiten sich die Feuerwehren auch auf den Großschadens- oder Katastrophenfall systematisch durch Aus- und Fortbildungen, durch sogenannte „Stabs-(Rahmen)Übungen" sowie durch praktische Einsatzübungen vor. Trainiert werden soll dabei vor allem das Zusammenspiel der Organisationen untereinander sowie die Kommunikation zwischen dem Katastrophenstab, den jeweiligen Führungsgruppen und den Mannschaften vor Ort. Die nachstehenden Bilder vermitteln einen kleinen Einblick in solche „Katastropheneinsätze" und machen deutlich, dass die Feuerwehren in Deutschland auch solche außergewöhnlichen Großschadensereignisse fachgerecht bewältigen können.

Echte Katastrophen und Großschadensfälle treffen Deutschland nicht allzu häufig – Gott sei Dank! Wenn es aber doch einmal zu solchen Schadensereignissen kommt, sind die Feuerwehren im Rahmen des Katastrophenschutzes in besonderer Weise gefragt. Der Absturz eines Passagier- und eines Frachtflugzeuges im Bereich der Stadt Überlingen (Bodenseekreis, Baden-Württemberg) war eines der größten Schadensereignisse, das die deutschen Feuerwehren am Bodensee betraf. Das Bild der abgestürzten russischen „Tupolev" ging um die Welt – für die Feuerwehren werden dieses und andere Bilder des tagelangen Großeinsatzes noch lange Zeit unvergessen bleiben.

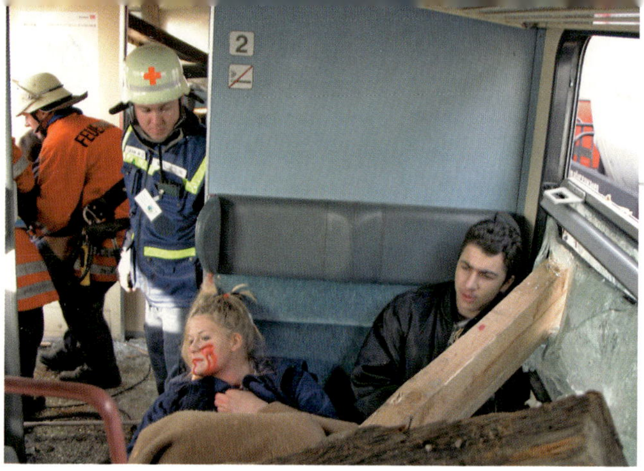

Um auf Großschadensereignisse und Katastrophen technisch und einsatztaktisch vorbereitet zu sein, werden solche möglichen Szenarien immer wieder in Großübungen trainiert. So beispielsweise auch im Rahmen der Katastrophenschutzübung „Terremoto", die den gesamten Landkreis Konstanz und alle dort tätigen Hilfs- und Rettungsorganisationen einbezog. „Möglichst realistisch" hatte man versucht, Zugunglücke oder Massenkarambolagen in einem Autobahntunnel darzustellen, um den Einsatzkräften ein „ungefähres Bild" solcher Großschadensfälle zu bieten.

Im sogenannten „Katastrophenfall" (K-Fall) wird der „Katastrophen-Stab" des jeweils zuständigen Landratsamtes einberufen. Er übernimmt im Auftrag der obersten Kreisbehörde die Gesamteinsatzleitung über alle Hilfs- und Rettungsorganisationen (KatS-Organisationen) sowie der Feuerwehren.

„Realistische Schadensszenarien" bedeuten für die beteiligten Feuerwehren unter anderem auch „echtes" Feuer. Nur so lässt sich realistisch das Ausmaß großer Brände – hier ein brennender Güterzug im Bereich eines Bahnhofes – erkennen und bewältigen.

Großflächige gefährliche Gewässerverschmutzungen – beispielsweise auf dem „Trinkwasserspeicher" Bodensee – können zum „internationalen Katastrophenfall" führen. So sind deutsche, österreichische und Schweizer Feuerwehren sowie spezialisierte „Ölwehrstützpunkte Bodensee" (im Bild Kräfte der „Ölwehr" der Feuerwehr Radolfzell beim Auslegen einer Ölsperre) beispielsweise über die „Internationale Gewässerschutzkommission Bodensee" (igkb) zu einer „internationalen Eingreifeinheit" zusammengefasst, um im Notfall grenzüberschreitend den Gewässerschutz und die Schadensabwehr betreiben zu können.

Ein Katastropheneinsatz erfordert immer auch die enge und fachgruppen-spezifische Zusammenarbeit der einzelnen Organisationen. So gehört beispielsweise die Versorgung der Einsatzkräfte durch „KatS-Verpflegungs- und Versorgungseinheiten" (im Bild eine Großküche des DRK) zum notwendigen Einsatzablauf.

Auch die Information der Bevölkerung und insbesondere der Medien gehört in den Ablauf eines Großeinsatzes. Teile des Stabes, der Führungsgruppen und die Pressesprecher der einzelnen Hilfs- und Rettungsorganisationen sind auf solche Tätigkeiten vorbereitet.

Die nachstehenden Seiten, Grafiken und Tabellen sollen der weiteren Information über das Feuerwehrwesen in Deutschland dienen. Insbesondere über das Internet können interessierte Bürger, technisch Interessierte oder „Brandschutz-Historiker" eine Fülle weiterer, zum Teil sehr detaillierte Informationen finden, die in diesem Buch schon aus Platzgründen sowie aus konzeptionellen Gründen nicht vermittelt werden.
Neben den Internetseiten der deutschen Berufsfeuerwehren (siehe Tabelle 3) bieten zahlreiche Adresssammlungen unzählige Links zu den Internetseiten Freiwilliger Feuerwehren.
Darüber hinaus informieren auch die Feuerwehrverbände zum Teil sehr umfangreich über ihre Arbeit. Weitere Informationen zum deutschen Feuerwehrwesen findet man auf den Internetseiten der Landesfeuerwehrschulen in den einzelnen Bundesländern, der Feuerwehr-Museen sowie auf den Internetpräsentationen der Feuerwehrfahrzeug-Hersteller und -Ausrüster (siehe Tabelle 1).

Aus der Feuerwehrstatistik

Die größte Gefahrenabwehrorganisation in Deutschland mit über 1,35 Millionen Mitgliedern bilden die Feuerwehren. In jährlich mehr als 3,5 Millionen Einsätzen setzen sich die Angehörigen der Freiwilligen Feuerwehren, der Berufsfeuerwehren sowie der Werk- und Betriebsfeuerwehren für die Sicherheit der Bürger ein – tagtäglich 24 Stunden lang rund um die Uhr!
Die nachstehende Tabelle gibt einen kurzen Überblick über das Einsatzgeschehen in den deutschen Bundesländern.

Feuerwehrverbände, Hersteller (Internetadressen)

Name	Sitz	Internetadresse
Feuerwehrverbände Deutschland		
Deutscher Feuerwehrverband (DFV)	Berlin	www.dvf.org
Deutscher Jugendfeuerwehrverband (DJF)	Berlin	www.jugendfeuerwehr.de
Landes- und Kreisfeuerwehrverbände (LFV/KFV)		www.feuerwehrverband.org/presse/index.htm
Landesfeuerwehrschulen		www.feuerwehr-bremerhaven.de/la_fwsch.htm
Internationale Vereinigung des Feuerwehr- und Rettungswesens (CTIF)	Berlin	www.ctif.org
Arbeitsgemeinschaft der Leiter der Berufsfeuerwehren (AGBF)	Bremen	www.agbf.de
Werkfeuerwehrverband Deutschland (WFV)	Saarwellingen	www.wfvd.de
Vereinigung zur Förderung des Deutschen Brandschutzes (vfdb)	Mülheim/Ruhr	www.vfdb.de
Verband der Bundeswehrfeuerwehren	Idar-Oberstein	www.bwfw.de
Feuerwehrfahrzeug-Hersteller und -Ausrüster		
Iveco-Magirus Brandschutztechnik	Ulm	www.iveco-magirus.de
Albert Ziegler GmbH & Co. KG	Giengen/Brenz	www.ziegler.de
Metz Aerials GmbH & Co. KG	Karlsruhe	www.metz-online.de/aerials
Barth Feuerwehrtechnik	Fellbach	www.barth-feuerwehrtechnik.de
Binz GmbH & Co. KG	Bonn	www.binz-ambulanz.de
Josef Lentner GmbH	Grafing bei München	www.josef-lentner-gmbh.de
Schlingmann GmbH & Co. KG	Dissen	www.schlingmann112.de
Gimaex-Schmitz Fire and Rescue GmbH	Wilnsdorf	www.schmitz-feuerwehr.de
R. Weschenfelder KG	Bretten	www.weschenfelder.com
System Strobel	Aalen-Wasseralfingen	www.system-strobel.de
WAS – Wiethmarscher Ambulanz und Sonderfahrzeuge GmbH	Wiethmarschen	www.wiethmarscher.de
Zikun Fahrzeugbau GmbH	Riegel	www.zikun.de
Thoma GmbH & Co. KG	Kenzingen	www.thoma-feuerwehrfahrzeuge.de
Karlsruher Feuerwehrfahrzeuge H&E GmbH	Karlsruhe	www.karlsruher-feuerwehrfahrzeuge.de
GSF Sonderfahrzeuge GmbH	Twist	www.gsf-twist.de
Rosenbauer International AG	Leonding/Österreich	www.rosenbauer.com
Empl Fahrzeugwerk Ges.m.b.H.	Kaltenbach/Österreich	www.empl.at
Lohr-Magirus	Laßnitzhöhe/Österreich	www.lohr-magirus.at
Rechners GmbH	Ludesch/Österreich	www.rechners.com
Tony Brändle AG	Will/Schweiz	www.braendle.ch

Feuerwehren in den Bundesländern

Bundesland	Berufsfeuerwehren	Freiwillige Feuerwehren	Werkfeuerwehren
Baden-Württemberg	8	1108	186
Bayern	7	7744	254
Berlin	1	59	3
Bremen	2	23	5
Hamburg	1	87	6
Hessen	6	1426	81
Niedersachsen	10	3372	121
Nordrhein-Westfalen	26	396	96
Rheinland-Pfalz	5	0	30
Saarland	1	52	16
Schleswig-Holstein	4	1414	27
Brandenburg	5	202	11
Mecklenburg-Vorpommern	6	1100	4
Sachsen	7	508	33
Sachsen-Anhalt	4	1718	17
Thüringen	8	1824	6

Einsatzzahlen der Feuerwehren

Bundesland	Einsatzkräfte	Gesamtzahl Einsätze
Baden-Württemberg	144.900	125.890
Bayern	383.500	189.240
Berlin	6.290	306.720
Bremen	1.810	53.720
Hamburg	6.240	206.860
Hessen	103.290	114.190
Niedersachsen	170.000	246.090
Nordrhein-Westfalen	117.000	1.672.310
Rheinland-Pfalz	75.200	34.150
Saarland	15.960	25.800
Schleswig-Holstein	60.000	127.450
Brandenburg	61.290	78.440
Mecklenburg-Vorpommern	36.680	68.340
Sachsen	65.590	112.150
Sachsen-Anhalt	51.550	12.210
Thüringen	58.830	33.090

Einsatzfahrzeuge der Feuerwehren in Deutschland

Abkürzung	Bezeichnung	Tank (l)	Pumpe (l/min.)	Höhe (m)
Einsatzleitwagen				
KdoF (KdoW)	Kommandofahrzeug (Kommandowagen)			
ELW 1	Einsatzleitwagen 1			
ELW 2	Einsatzleitwagen 2			
ELW 3	Einsatzleitwagen 3			
DKfz	Dienstkraftfahrzeug (Dienstwagen)			
FüF	Führungsfahrzeug			
FuKoW (KatS)	Funkkomandowagen (Katastrophenschutz)			
Löschfahrzeuge				
TSF	Tragkraftspritzenfahrzeug			
TSF-W	Tragkraftspritzenfahrzeug mit Wassertank	500-1200		
KLF	Kleinlöschfahrzeug			
VLF	Vorauslöschfahrzeug			
LF 8	Löschgruppenfahrzeug			
LF 8/6	Löschgruppenfahrzeug	800		
LF 10/6	Löschgruppenfahrzeug	600-1000	1000	
LF 16-TS	Löschgruppenfahrzeug mit vorgebauter Tragkraft-spritze	1600	1200	
LF 16/12	Löschgruppenfahrzeug	1600	1200	
LF 20/16	Löschgruppenfahrzeug	1600-2400	1600	
TroLF (PLF)	Trockenlöschfahrzeug (Pulverlöschfahrzeug)			
CO2-LF	CO2-Löschfahrzeug			
HLF (LHF) 20/16	Hilfeleistungslöschfahrzeug (auch: Lösch-Hilfeleis-tungsfahrzeug)	1600	1600	
KTLF	Kleintanklöschfahrzeug (siehe TSF-W)	800		
TLF 8/18	Tanklöschfahrzeug	800		
TLF (W)	Tanklöschfahrzeug zur Waldbrandbekämpfung	800-4000		
TLF 16/24-Tr	Tanklöschfahrzeug	2400-3000	1600	
TLF 16/25	Tanklöschfahrzeug	2500-4000	1600	
TLF 16/45-W	Tanklöschfahrzeug zur Waldbrandbekämpfung	4000	1600	
TLF 20/40	Tanklöschfahrzeug	4000	2000	
TLF 24/48-P	Tanklöschfahrzeug mit Sonderlöschmitteln	500/200/250	2400	
TLF 24/50	Tanklöschfahrzeug	5000	2400	
TLF 20/40-SL	Tanklöschfahrzeug (Nachfolgetyp TLF 24/50)	4000/500	2000	
TLF 24/60	Tanklöschfahrzeug	6000/1000	2400	
GTLF	Großtanklöschfahrzeug	über 5000/500		

Abkürzung	Bezeichnung	Tank (l)	Pumpe (l/min.)	Höhe (m)
FLF	Flughafenlöschfahrzeug (älterer Bezeichnung: Flugfeldlöschfahrzeug)			
TroTLF	Trocken-Tanklöschfahrzeug (Pulver, Wasser)			
ULF	Universallöschfahrzeug mit div. Löschmitteln			
ZLF	Zubringer-Löschfahrzeug, Zumischer-Löschfahrzeug			
Hubrettungsfahrzeuge				
AL 12	Anhängeleiter			12
AL 16-4	Anhängeleiter			16
AL 18	Anhängeleiter			18
DL 18	Drehleiter			18
DL 30	Drehleiter			30
DLK 12-9	Drehleiterfahrzeug mit Korb			12
DLK 18-12	Drehleiterfahrzeug mit Korb			18
DLK 23/12	Drehleiterfahrzeug mit Korb			30
DLK 23/12 SE	Drehleiterfahrzeug mit Korb, Schnelleinstieg (hinten)			30
DLK 23/12 n.B.	Drehleiterfahrzeug mit Korb, niedere Bauart (Niedrigbauart)			30
TM (TMB) 30	Teleskopmast (Teleskopmastbühne)			30
Teleskopleiter 23/12	Teleskopleiter (Teleskopmast mit parallel geführter Leiter)			30
GM (GMB)	Gelenkmast (Gelenkmastbühne), Knickmast			30
LB	Leiterbühne mit Korb (ggf. mit Transportaufzug)			über 30
Quint	Kombinationsfahrzeug mit Drehleiter/Teleskopmast, Tank			
Rüstwagen				
VRW	Vorausrüstwagen			
RW 1	Rüstwagen 1			
RW 2	Rüstwagen 2			
RW 2-Kran	Rüstwagen 2 mit Ladekran			
RW-See	Rüstwagen 2 mit Ladekran (Ölwehr Bodensee)			
RW 3	Rüstwagen 3			
RW 3-Kran (RKW)	Rüstwagen 3 mit Ladekran (ältere Bezeichnung: Rüstkranwagen)			
RW-Öl	Rüstwagen für Ölschadenseinsätze			
RW-G	Rüstwagen für Gefahrguteinsätze			
RW-U	Rüstwagen für Umweltschutzeinsätze (siehe auch GW-Öl, GW-G)			
RW-SS	Rüstwagen Straße/Schiene (Zwei-Wege-Fahrgestell)			

Abkürzung	Bezeichnung	Tank (l)	Pumpe (l/min.)	Höhe (m)
Gerätewagen				
VGW (SBW)	Vorausgerätewagen (Schnellbergewagen, alte Bezeichnung)			
GW	Gerätewagen			
GW-A	Gerätewagen Atemschutz			
GW-AS	Gerätewagen Atemschutz/Strahlenschutz			
GW-Bau	Gerätewagen Baumaterial (Rettungs- und Bergungsmaterial)			
GW-Chemie	Gerätewagen Chemie			
GW-G	Gerätewagen Gefahrgut			
GW-Dekon (KatS)	Gerätewagen Dekontamination (Katastrophenschutz)			
GW-H	Gerätewagen Höhenrettung			
GW-Licht	Gerätewagen Licht			
GW-L (GW-N)	Gerätewagen Logistik (Nachschub)			
GW-Mess	Gerätewagen Messtechnik			
GW-Öl	Gerätewagen Öl			
GW-Säure	Gerätewagen Säure			
GW-S	Gerätewagen Strahlenschutz			
GW-Strom	Gerätewagen Strom (Notstromaggregate-Fahrzeug)			
GW-T	Gerätewagen Tauchertransport/Umkleidefahrzeug			
GW-T	Gerätewagen Transport			
GW-U	Gerätewagen Umweltschutz			
GW-W	Gerätewagen Wasserrettung (Wassernotfall)			
SW 1000	Schlauchwagen mit 1000 m Druckschlauch			
SW 1500	Schlauchwagen mit 1500 m Druckschlauch			
SW 2000	Schlauchwagen mit 2000 m Druckschlauch			
SW 2000-Tr	Schlauchwagen mit 2000 m Druckschlauch, Truppbesatzung			
Rettungsdienstfahrzeuge				
KTW	Krankentransportwagen			
KTW-4-Tr (KatS)	Krankentransportwagen mit vier Tragen (Katastrophenschutz)			
KTW-8-Tr (KatS)	Krankentransportwagen mit acht Tragen (Katastrophenschutz)			
RTW	Rettungswagen			
NAW	Notarztwagen			

Abkürzung	Bezeichnung	Tank (l)	Pumpe (l/min.)	Höhe (m)
Baby-NAW	Notarztwagen für Baby-/Kleinkinder-Notfälle			
NEF	Notarzteinsatzfahrzeug (Zubringer)			
IHT	Interhospitalfahrzeug			
ITW	Intensivtransportwagen (s.u.)			
I-KTW (I-RTW)	KTW/RTW für den Transport von Intensivpatienten			
GKTW	Groß-Krankentransportwagen			
GRTW	Groß-Rettungswagen			
MANV	Fahrzeug/Abrollbehälter für den "Massenanfall von Verletzten"			
BTW	Bettentransportwagen			
First Responder	Vorausfahrzeug einer medizinischen Ersteinheit			
RTH	Rettungshubschrauber (u.a. ADAC/DRF mit Feuerwehrbesatzung)			
ITH	Intensiv-Transporthubschrauber (s.o.)			
Sonstige Feuerwehrfahrzeuge				
MTW	Mannschaftstransportfahrzeug (auch Mannschaftsbus)			
MZF	Mehrzweckfahrzeug			
WLF	Wechselladerfahrzeug (für Abrollbehälter/AB; s.u.)			
WLF-Kran	Wechselladerfahrzeug mit Ladekran			
LUF	Löschunterstützungsfahrzeug			
DMF (KatS)	Dekontaminations-Mehrzweckfahrzeug (Katastrophenschutz)			
DokuF	Dokumentationsfahrzeug			
RIV	"Rapid Intervention Vehicle", schnelles Flughafen-Vorausfahrzeug			
LA (GLA)	Löscharm (Gelenklöscharm)			
KW (FwK)	Kranwagen (Feuerwehrkran)			
FwA	Feuerwehranhänger (allgemein)			
TSA	Tragkraftspritzenanhänger			
LiMA (LiMaF)	Lichtmastanhänger (Lichtmastfahrzeug)			
PLA	Pulverlöschanhänger (i.d.R. PLV 750)	750 kg		
KLAF (KEF)	Kleinalarmfahrzeug (Kleineinsatzfahrzeug)			
SW-A (SWW)	Schaum-/Wasser-Werfer auf Anhänger			
Lkw	Lastkraftwagen			
Lkw-Kran	Lastkraftwagen mit Ladekran			
ErkTrKw (KatS)	Erkundungstrupp-Kraftwagen (Katastrophenschutz)			

Abkürzung	Bezeichnung	Tank (l)	Pumpe (l/min.)	Höhe (m)
FKH (KatS)	Feldkochherd, Feldküche (Anhänger) – (Katastrophenschutz)			
NAG	Notstromaggregat (Anhänger)			
Abrollbehälter				
AB (WAB)	Abrollbehälter (ältere Bezeichnung: Wechselaufbau)			
AB-A	Abrollbehälter Atemschutz			
AB-Dekon	Abrollbehälter Dekontamination			
AB-EL	Abrollbehälter Einsatzleitung			
AB-G	Abrollbehälter Gefahrgut			
AB-MANV	Abrollbehälter "Massenanfall an Verletzten"			
AB-Rüst	Abrollbehälter Rüstmaterial			
AB-S	Abrollbehälter Schlauchmaterial			
AB-SLM	Abrollbehälter Sonderlöschmittel			
AB-Tank	Abrollbehälter Löschwassertank	1000-6000		
AB-Transport	Abrollbehälter Transport (Pritsche, Behälter)			
AB-U	Abrollbehälter Umweltschutz			
AB-Werkstatt	Abrollbehälter Werkstatt			
AB-Ölwehr	Abrollbehälter Ölwehr			
AB-Ölsperre	Abrollbehälter Ölsperre			
Wasserfahrzeuge				
FLB	Feuerlöschboot			
RB	Rettungsboot			
MZB	Mehrzweckboot			
SÖG	Selbstaufnehmendes Ölschaden-Gerät (Bodensee)			

Berufsfeuerwehren in Deutschland

Genau 101 Berufsfeuerwehren arbeiten derzeit in den Großstädten Deutschlands. Ihnen gehörige über 28.000 Aktive an, die jährlich rund 2,15 Millionen Einsätze zu bewältigen haben.
Die nachstehende Tabelle nennt die Adressen der Hauptwachen sowie die jeweiligen Internetseiten, auf denen sich Interessierte detaillierter über die einzelnen Feuerwehren, deren Geschichte, technische Ausstattung und Einsätze informieren können.

Ort	Bundesland	Straße	Internet	Gründung
Aachen	Nordrhein-Westfalen	Stolberger Straße 155	www.feuerwehr-aachen.de/	1871
Altenburg	Thüringen	Münsaer Straße 8	www.altenburg.eu	
Augsburg	Bayern	Berliner Allee 30	www.feuerwehr-augsburg.de	1899
Berlin	Berlin	Voltairestraße 2	www.feuerwehr-berlin.de	1851
Bielefeld	Nordrhein-Westfalen	Am Stadtholz 18	www.feuerwehr-bielefeld.de	1899
Bochum	Nordrhein-Westfalen	Brandwacht 1	www.bochum.de/feuerwehr	1901
Bonn	Nordrhein-Westfalen	Lievelingweg 112	www.bonn.de	1863
Bottrop	Nordrhein-Westfalen	Hanss-Sachs-Straße 80	www.stadt-bottrop.de/	1976
Brandenburg	Brandenburg	Fontanestraße 1	www.stadt-brandenburg.de/	1927
Braunschweig	Niedersachsen	Feuerwehrstraße 1	www.feuerwehr.braunschweig.de	1875
Bremen	Bremen	Am Wandrahm 24	www.feuerwehr-bremen.de	1870
Bremerhaven	Bremen	Zur Hexenbrücke 12	www.feuerwehr-bremerhaven.de	1893
Chemnitz	Sachsen	Schadestraße 11	www.chemnitz.de/de/flash.htm	1866
Cottbus	Brandenburg	Dresdener Straße 46	www.feuerwehr.cottbus.de	1947
Cuxhaven	Niedersachsen	Schulstraße 3	www.cuxhaven.de/feuerwehr	2005
Darmstadt	Hessen	Bismarckstraße 86	www.feuerwehr-darmstadt.de	1895
Dessau	Sachsen-Anhalt	Innsbrucker Straße 8	www.feuerwehr-dessau.de	1923
Dortmund	Nordrhein-Westfalen	Steinstraße 25	www.feuerwehr-dortmund.org	1901
Dresden	Sachsen	Luisenstraße 14-16	www.dresden.de/de/02/070/02/c_030.php	1868
Duisburg	Nordrhein-Westfalen	Wintgensstraße 111	www.duisburg.de/feuerwehr	1904
Düsseldorf	Nordrhein-Westfalen	Hüttenstraße 68	www.duesseldorf.de/feuerwehr	1872
Eberswalde	Brandenburg	Eberswalder Straße 41a	www.feuerwehr-eberswalde.de	2000
Erfurt	Thüringen	Sankt-Florian-Straße 4	www.feuerwehr-erfurt.de	1910
Essen	Nordrhein-Westfalen	Eiserne Hand 45	www.feuerwehr-essen.com	1894
Flensburg	Schleswig-Holstein	Munketoft 16	www.berufsfeuerwehr.flensburg.de	1904
Frankfurt/M.	Hessen	Feuerwehrstraße 1	www.stadt-frankfurt.de/feuerwehr	1874
Frankfurt/O.	Brandenburg	Heinrich-Hildebrand-Straße 21	www.frankfurt-oder.city-map.de/city/db/080301091800.html	1865

Ort	Bundesland	Straße	Internet	Gründung
Freiburg	Baden-Württemberg	Eschholzstraße 118	www.freiburg.de/servlet/PB/menu/1092674/index.html	1945
Fürth	Bayern	Helmplatz 2	www.feuerwehr-fuerth.org/	1957
Gelsenkirchen	Nordrhein-Westfalen	Seestraße 3	www.feuerwehr-gelsenkirchen.de	1904
Gera	Thüringen	Berliner Straße 153	www.feuerwehrgera.de/	1923
Gießen	Hessen	Steinstraße 1	www.markus-bohl.de/bfgi/bf.htm	1914
Görlitz	Sachsen	Krölstraße 26	www.goerlitz.de	1897
Göttingen	Niedersachsen	Breslauer Straße 10	www.feuerwehr.goettingen.de	1908
Gotha	Thüringen	Oststraße 33	www.feuerwehr-gotha.de	1864
Greifswald	Mecklenburg-Vorpommern	Wolgaster Straße 63	www.greifswald.de/modules.php?op=modload&name=seiten&file=index	1876
Hagen	Nordrhein-Westfalen	Bergischer Ring 87	www.hagen.de/web/de/webseiten/37/37_u/37-01.html	1913
Halle	Sachsen-Anhalt	An der Feuerwache 5	www.feuerwehr-halle.de	1870
Hamburg	Hamburg	Westphalensweg 1	www.feuerwehr.hamburg.de	1872
Hamm	Nordrhein-Westfalen	Hafenstraße 45	www.feuerwehr-hamm.de	1975
Hannover	Niedersachsen	Feuerwehrstraße 1	www.feuerwehr-hannover.de	1880
Heidelberg	Baden-Württemberg	Czernyring 3	www.heidelberg.de/servlet/PB/menu/1127310/index.html	1896
Heilbronn	Baden-Württemberg	Beethovenstraße 29	www.feuerwehr-heilbronn.de/	1971
Herne	Nordrhein-Westfalen	Sodinger Straße 9	www.herne.de/	
Hildesheim	Niedersachsen	An der Feuerwache 4-7	www.feuerwehr-hildesheim.de/	
Hoyerswerda	Sachsen	Walther-Rathenau-Straße 1		
Ingolstadt	Bayern	Dreizehnerstraße 1	www.berufsfeuerwehr-ingolstadt.de	1993
Iserlohn	Nordrhein-Westfalen	Dortmunder Str. 112	www.feuerwehr-iserlohn.de	1974
Jena	Thüringen	Saalbahnhofstraße 15a	www.feuerwehr-jena.de/index.php?option=com_content&task=view&id=39&Itemid=77	
Kaiserslautern	Rheinland-Pfalz	An der Feuerwache	www.feuerwehr-kaiserslautern.de/welcome.html	1955
Karlsruhe	Baden-Württemberg	Ritterstraße 48	www.karlsruhe.de/rathaus/buergerdienste/feuerwehr/berufsfeuerwehr.de	1926
Kassel	Hessen	Wolfhager Straße 25	www.feuerwehr-kassel.eu	1891
Kiel	Schleswig-Holstein	Westring 325	www.kiel.de/Aemter_01_bis_20/13/Berufsfeuerwehr_Kiel/berufsfeuerwehr_kiel.htm	1896
Koblenz	Rheinland-Pfalz	Schlachthofstr. 2-12	www.feuerwehr-koblenz.de/themen/02_berufsfeuerwehr.php	1910
Köln	Nordrhein-Westfalen	Scheibenstraße 13	www.stadt-koeln.de/feuerwehr/feuerwehr/index.html	1872

Ort	Bundesland	Straße	Internet	Gründung
Krefeld	Nordrhein-Westfalen	Florastraße 58	www.krefeld.de/feuerwehr	1890
Leipzig	Sachsen	Goerdeler Ring 7	www.feuerwehr-leipzig.de/start	1865
Leverkusen	Nordrhein-Westfalen	Stixchesstraße 162	www.feuerwehr-leverkusen.de/feuerwehr/bf/bf.html	1976
Lübeck	Schleswig-Holstein	Bornhövedstraße 10	www.stfv-hl.de/feuerwehren/bf.htm	1898
Ludwigshafen	Rheinland-Pfalz	Kaiserwörthdamm 1		
Magdeburg	Sachsen-Anhalt	Ernst-Reuter-Allee 42	www.feuerwehr-magdeburg.de	1874
Mainz	Rheinland-Pfalz	Jakob-Leischner-Str. 11	www.berufsfeuerwehr.mainz.de	1906
Mannheim	Baden-Württemberg	Meerfeldstraße 1-5	www.feuerwehr-mannheim.org	1891
Minden	Nordrhein-Westfalen	Marienstraße 75	www.feuerwehr.minden.de	1990
Mönchengladbach	Nordrhein-Westfalen	Von-Groote-Straße 66	www.feuerwehr-mg.de	1901
Mülheim	Nordrhein-Westfalen	Aktienstraße 58	www.feuerwehr-muelheim.de	1923
München	Bayern	An der Hauptfeuerwache 8	www.feuerwehr.muenchen.de	1879
Münster	Nordrhein-Westfalen	York-Ring 25	www.muenster.de/stadt/feuerwehr/ms-html	1905
Neubrandenburg	Mecklenburg-Vorpom.	Ziegelbergstraße 50		
Neumünster	Schleswig-Holstein	Wittorfer Straße 38-40	www.berufsfeuerwehr-neumuenster.de	1914
Nordhausen	Thüringen	Hohekreuzstraße 1		
Nürnberg	Bayern	Regenstraße 4	www.feuerwehr-nuernberg.de	1875
Oberhausen	Nordrhein-Westfalen	Brücktorstraße 30	www.oberhausen.de/feuerwehr.php	1910
Offenbach	Hessen	Rhönstraße 10	www.feuerwehr-offenbach.de	1921
Oldenburg	Niedersachsen	Auguststraße 5	www.oldenburg.de/stadtol/index.php?id=feuerwehr	
Osnabrück	Niedersachsen	Nobbenburger Str. 4	www.osnabrueck.de/9800.asp	1926
Pforzheim	Baden-Württemberg	Habermehlstraße 77	www.feuerwehr.pforzheim.de/bf/index.htm	1975
Plauen	Sachsen	Pöppigstraße 8	www.plauen.de/pitcms/.plauen/hauptordner1/folge_brandschutz	1907
Potsdam	Brandenburg	W.-Seelenbinder-Str. 5	www.feuerwehr-potsdam.de	1862
Regensburg	Bayern	Greflinger Straße 20	www.feuerwehr-regensburg.de	1927
Remscheid	Nordrhein-Westfalen	Auf dem Knapp 23	www.remscheid.de/Rathaus/37/37Allgemein/index.htm	
Reutlingen	Baden-Württemberg	Hauffstraße 57	www.bf-reutlingen.de/html/berufsfeuerwehr_reutlingen.html	2004
Rostock	Mecklenburg-Vorpommern	Erich-Schlesinger-Straße 24	www.hro-feuerwache2.de	1908
Saarbrücken	Saarland	Hessenweg 7	www.saarbruecken.de/layouts/sicherheit	
Salzgitter	Niedersachsen	An der Feuerwache 3	www.salzgitter.de/rathaus/fachdienstuebersicht/feuerwehr/sp_auto_1391.php	1943

Ort	Bundesland	Straße	Internet	Gründung
Schwerin	Mecklenburg-Vorpommern	Zum Bahnhof 3	www.schwerin.de/www/inhalt/show.php3?id=1322&nodeid=707	1869
Solingen	Nordrhein-Westfalen	Katternberger Str. 38-56	www.feuerwehr-solingen.de	
Stralsund	Mecklenburg-Vorpom.	Fährwall 18		1883
Stuttgart	Baden-Württemberg	Mercedesstraße 35	www.feuerwehr-stuttgart.de	1891
Trier	Rheinland-Pfalz	Sankt-Barbara-Ufer 40	www.berufsfeuerwehr-trier.com	1914
Weimar	Thüringen	Erfurter Straße 37	www.feuerwehr-weimar.de/bf.htm	
Wiesbaden	Hessen	Kurt-Schumacher-Ring 16	www.feuerwehr-wiesbaden.de	1903
Wilhelmshaven	Niedersachsen	Mozartstraße 11-13	www.feuerwehr-whv.de	1940
Wismar	Mecklenburg-Vorpom.	Frische Grube 13		
Witten	Nordrhein-Westfalen	Dortmunder Straße 17		
Wolfsburg	Niedersachsen	Dieselstraße 24	www.feuerwehr-wolfsburg.de/bf.html	1952
Würzburg	Bayern	Hofstallstraße 3	www.ffw-loeschzug1.de/bf.htm	1973
Wuppertal	Nordrhein-Westfalen	August-Bebel-Str. 55	www.wuppertal.de/feuerwehr	
Zwickau	Sachsen	Crimmitschauer Str. 35	www.zwickau.de/feuerwehr/index.htm	1904

Stand: Dezember 2007

Der Autor Wolfgang Jendsch

Mit der Realisierung des vorliegenden Buches hat Autor Wolfgang Jendsch sein 23. Fachbuch zum Themenbereich „Brandschutz/Rettungsdienst" veröffentlicht.
Wolfgang Jendsch, gebürtig 1950 in Dortmund (Nordrhein-Westfalen), ist seit rund 20 Jahren hauptberuflich als Fachjournalist/Fachredakteur für Brandschutz und Rettungsdienst tätig. Nach seiner vorherigen Tätigkeit im Public-Relations-Bereich größerer Unternehmen – unter anderem als Presse- und Werbechef auf der „Blumeninsel Mainau" im Bodensee und als persönlicher Referent der Gräflichen Familie Bernadotte – machte er sich im Jahre 1989 mit einer Presse- und Werbeagentur zum Themenbereich „Brandschutz und Rettungsdienst" selbstständig (heute: „FirePublications/Feuerwehrpresse Wolfgang Jendsch", www.feuerwehrpresse.de).

Nebenamtlich war Wolfgang Jendsch seit 1972 als Rettungssanitäter im Rettungs- und Notarztdienst, in der Rettungsleitstelle sowie im KatS-Auslandsdienst (Bundeskatastrophenschutzzug) für die Johanniter-Unfall-Hilfe (JUH) in Rheinland-Pfalz und Baden-Württemberg sowie als JUH-Landespressedezernent Baden-Württemberg und Landesredakteur des „JUH-Report" tätig.
Nach einem beruflich bedingten Umzug an den Bodensee arbeitete Wolfgang Jendsch von 1992 bis zum Jahr 2000 ehrenamtlich als Pressesprecher der „Internationalen Bodensee-Feuerwehrbundes" (BFB), des Kreisfeuerwehrverbandes (KFV) Konstanz, des DRK-Kreisverbandes Konstanz sowie für die Einsatzdokumentation von DRK und Feuerwehr im Landkreis Konstanz („Florian Konstanz 7"). Derzeit nimmt er die Funktion des Fachberaters „Presse- und Öffentlichkeitsarbeit/Dokumentation" für die Feuerwehr Radolfzell wahr („Florian Radolfzell 6/4").
Wolfgang Jendsch förderte mit seinen Konzepten,

Publikationen und durch seine praktische Tätigkeit maßgeblich die Presse- und Öffentlichkeitsarbeit der Feuerwehren weit über den Landkreis Konstanz hinaus.

Im Rahmen seiner hauptberuflichen Tätigkeit für internationale Fachverlage und Fachredaktionen von Brandschutz- und Rettungsmagazinen sowie

Seit mehr als 15 Jahren war Wolfgang Jendsch als Fachberater der Feuerwehr Radolfzell für die Einsatzdokumentation sowie für die Presse- und Öffentlichkeitsarbeit zuständig.

für Hilfs- und Rettungsorganisationen hat sich Wolfgang Jendsch bis heute auf die Schwerpunktthemen „Wald- und Flächenbrandbekämpfung" (Europa, USA), „Brandschutz- und Rettungskonzepte der (neuen) EU-Mitgliedsstaaten" sowie „Presse- und Öffentlichkeitsarbeit der Feuerwehren" spezialisiert.

Für seine Leistungen auf dem Gebiet des internationalen Feuerwehrwesens wurde Wolfgang Jendsch im Jahre 1991 zum Ehrenmitglied der „Ohniva Mini Repulika" (Prag/CSFR) der tschechoslowakischen Feuerwehren ernannt. Die Organisation, durch die „Legitimace" B 6271 offiziell anerkannt durch das Prager Innenministerium, verstand sich bis zur altersbedingten Einstellung ihrer Arbeit unter Präsident Milan Garncarz als international tätiger Förderverein für das tschechoslowakische Feuerwehrwesen. Bereits der ehemalige Präsident des Deutschen Feuerwehrverbandes (DFV), Albert Bürger (†) und der Vorsitzende a.D. des „Internationalen

Im Rahmen seiner hauptberuflichen Tätigkeit hat sich Wolfgang Jendsch (2. von rechts) die Wald- und Flächenbrandbekämpfung in Europa und in den USA spezialisiert und ist unter anderem Mitglied der „International Association of Wildland Fire" (IAWF), einer Vereinigung internationaler Experten in der Wald- und Flächenbrandbekämpfung in den USA. Aufgrund seiner langjährigen Erfahrungen und Kenntnisse gilt er international als ausgewiesener Fachmann auf diesem Gebiet. Zahlreiche seiner Publikationen und Fachbücher beschäftigen sich mit diesem Thema.

Technischen Kommitees für Vorbeugenden Brandschutz und Feuerlöschwesen" (CTIF), Oberst Robert Dollinger (†) (BF Straßburg), sind Ehrenmitglieder der „Ohniva Mini Republica".

Mit einem Diplom für eines der zehn weltbesten „Fire and Rescue Photos" im Rahmen des international ausgeschriebenen „Golden Firefighter Award"

Das Foto „History on Fire" erhielt im Jahre 2005 von der Jury der „Videofuego" aus Badajoz in Spanien ein Diplom für eines der zehn weltbesten „Fire and Rescue Photos" im Rahmen des international ausgeschriebenen „Golden Firefighter Award". Das Bild wurde im Rahmen der Einsatzdokumentation bei einem Großbrand in Engen/Hegau aufgenommen.

wurde im Jahre 2005 die als „History on Fire" benannte Aufnahme von Wolfgang Jendsch – damals noch im Landkreis Konstanz für die Einsatzdokumentation der Feuerwehren zuständig – ausgezeichnet. Neben dem eigentlichen Preisträger und Gewinner des „Award 2005", Jeff Couch aus New York/USA, wählte die Jury der „Videofuego" aus Badajoz in Spanien weitere neun Aufnahmen aus, die als „Special Mention" international eine „besondere Erwähnung" im Hinblick auf außergewöhnliche Bildinhalte und hervorragende fotografische Qualität erfuhren.

Seit 1987 bewerben sich jährlich Tausende von Fotografen und Kameraleute aus der ganzen Welt um den „Golden Firefighter Award" in den Fachbereichen „Foto", „Video" und „Multimedia".

Bildautor Wolfgang Jendsch hatte sein Foto im Oktober 1992 anlässlich des nächtlichen Großbrandes eines Lagergebäudes in Engen/Hegau angefertigt. Darüber hinaus ist Wolfgang Jendsch Mitglied der „International Association of Wildland Fire" (IAWF, South Dakota/USA), der „International Organization of Fire Photography" (IOFP, Kalifornien/USA) und der „California Fire Photographers Association" (CFPA, Kalifornien/USA).

Als Autor hat Wolfgang Jendsch bisher mehr als zwanzig Fachbücher über internationale Feuerwehr-Fahrzeugtechnik (u.a. „Feuerwehren – Spezialfahrzeuge aus aller Welt", Motorbuch Verlag), über Einsätze von Feuerwehren und Rettungsdiensten in aller Welt (u.a. die Buchreihe „Brand – Die Feuerwehren der Welt", Weltrundschau Verlag) sowie zum Thema „Wald- und Flächenbrandbekämpfung" (u.a. „Brandbekämpfung aus der Luft – Aerial Firefighting/Waldbrandbekämpfung") veröffentlicht. Weitere Bücher sind derzeit in Vorbereitung.

Wolfgang Jendsch ist zudem Herausgeber und Autor der Heftreihe „Das Unternehmen Feuerwehr" (Ecomed-Verlag), die sich insbesondere mit praktischen Fragen des „Menschen in der Feuerwehr" beschäftigt.

Bildnachweis

Umschlagbild vorn: Wolfgang Jendsch, 05 Jendsch/Archiv Jendsch, 08 Wolfgang Jendsch, 10/11 Archiv Feuerwehr Radolfzell, 13 Iveco-Magirus/Archiv Jendsch, 15 Archiv Feuerwehr Radolfzell, 16-1 Iveco-Magirus/Archiv Jendsch, 16-2 Archiv Feuerwehr Radolfzell, 17 bis 21 Wolfgang Jendsch, 22-1 Wolfgang Jendsch, 22-2 Iveco-Magirus/Archiv Jendsch, 23 bis 24 Wolfgang Jendsch, 25 Daimler-Benz/Archiv Jendsch, 26 Archiv Feuerwehr Radolfzell, 29 Wolfgang Jendsch, 30/31 Wolfgang Jendsch, 32 bis 49 Wolfgang Jendsch, 50/51 Wolfgang Jendsch, 52 bis 62 Wolfgang Jendsch, 63-1 Iveco-Magirus/Archiv Jendsch, 63-2 Wolfgang Jendsch, 64 bis 91 Wolfgang Jendsch, 92/93 Wolfgang Jendsch, 94 bis 112 Wolfgang Jendsch, 113-1 Horber/Archiv Feuerwehr Radolfzell, 113-2 Wolfgang Jendsch, 114 bis 169 Wolfgang Jendsch, 170/171 Wolfgang Jendsch, 172 bis 195 Wolfgang Jendsch, 196-1 Horber/Archiv Feuerwehr Radolfzell, 196-2 Wolfgang Jendsch, 197 bis 199 Wolfgang Jendsch, 200 bis 201 Horber/Archiv Feuerwehr Radolfzell, 202 bis 203 Wolfgang Jendsch, 204-1 Horber/Archiv Feuerwehr Radolfzell,, 204-2 Horber/Archiv Feuerwehr Radolfzell, 204-3 Wolfgang Jendsch, 205 bis 206 Wolfgang Jendsch, 207-1 Philip Mayer, 207-2 Wolfgang Jendsch, 208 bis 219 Wolfgang Jendsch, 220 Horber/Archiv Feuerwehr Radolfzell, 221 bis 225 Wolfgang Jendsch, 226 Horber/Archiv Feuerwehr Radolfzell, 238-1 Jendsch/Archiv Jendsch, 238-2 Archiv Jendsch, 239 Wolfgang Jendsch, Umschlagbild hinten: Wolfgang Jendsch

Anmerkung und Dank des Autors

Diese Veröffentlichung ist das 23. Buch in einer langen Reihe von interessanten und außergewöhnlichen Publikationen über die Arbeit, die Technik und die Einsätze der Feuerwehren überall auf der Welt. Dass dieses Buch nunmehr speziell den Feuerwehren in Deutschland gewidmet ist, hat seinen Grund. Seit über zwanzig Jahren bin ich mit dieser wohl größten freiwillig und ehrenamtlich „Bürgerinitiative“ vertraut und habe dort einen Großteil meiner Freizeit im Rahmen der Einsatzdokumentation sowie der Presse- und Öffentlichkeitsarbeit verbracht.
Selbst dann, wenn man hauptberuflich international bei Feuerwehren und Rettungsdiensten tätig ist, bleibt letztendlich doch eine enge Verbundenheit zur eigenen Feuerwehr.
Nicht zuletzt und zugleich als eine Art Rückblick auf „20 Jahre Einsatzdokumentation“ innerhalb der Feuerwehr liegt es natürlich nahe, in diesem Buch insbesondere die Feuerwehr Radolfzell und einige weitere Feuerwehren im Landkreis Konstanz anhand ihrer Arbeit und ihrer Ausrüstung vorzustellen. Diese Wehren stehen damit stellvertretend für alle anderen Feuerwehren sowie für alle anderen Feuerwehrangehörigen in ganz Deutschland.
Ich bedanke mich in diesem Zusammenhang bei Feuerwehren und Feuerwehrkameraden für die Unterstützung meiner hauptberuflichen Tätigkeit, insbesondere aber bei Stadtbrandmeister Helmut Richter, Kommandant der Feuerwehr Radolfzell, der wohl als einer der ersten Führungskräfte in Deutschland die Notwendigkeit der Einsatzdokumentation sowie der Presse- und Öffentlichkeitsarbeit vor allem innerhalb der Freiwilligen Feuerwehren erkannt und gefördert hat.
Ein ganz besonderer Dank geht an die Feuerwehrkameraden Ralf Mayer und Michael Horber aus Radolfzell, die das Textkonzept dieses Buches aufmerksam gelesen sowie wertvolle und konstruktive Hinweise zur Ergänzung und Überarbeitung gegeben haben. Zudem haben mich beide Kameraden als meine Stellvertreter in der Funktion des Pressesprechers und der Dokumentation immer nach Kräften unterstützt – auch dafür von dieser Stelle aus ein ganz herzliches Dankeschön.
Ein Dank geht diesmal und nicht zuletzt auch an meine Frau Susanne, die in all den Jahren immer wieder Abstriche an Freizeit und Gemeinsamkeiten machen musste, wenn wieder einmal der Funkmelder zu einem Einsatz rief – und die trotz mancher Stunde des Wartens das Engagement und die Arbeit für die Feuerwehr immer verstanden und unterstützt hat.

Wolfgang Jendsch
info@feuerwehrpresse.de